白马雪山"自然与文化艺术系列丛书"之二

云南白马雪山国家级自然保护区中小学环境教育读本

——白马雪山国家级自然保护区

U0209544

云南白马雪山国家级自然保护区管理局

大自然保护协会中国部　环境教育项目

云南民族出版社

图书在版编目（CIP）数据

可爱的家园：白马雪山国家级自然保护区 / 黄刚主编.—昆明：云南民族出版社，2010.2
ISBN 978-7-5367-4631-2

Ⅰ.①可… Ⅱ.①黄… Ⅲ.①山—自然保护区—简介—云南省 Ⅳ.①S759.992.74

中国版本图书馆 CIP 数据核字（2010）第 029872 号

可爱的家园
———白马雪山国家级自然保护区

黄　刚　主编

责任编辑	董　艾　李跃波
出版发行	云南民族出版社
地　址	昆明市环城西路 170 号云南民族大厦 5 楼
邮政编码	650032
邮　箱	ynbook@vip.163.com
印　制	昆明西站彩印有限责任公司
地　址	昆明市昌源路 51 号
邮政编码	650106
开　本	889mm×1194mm　1/32
印　张	3.25
版　次	2010 年 2 月第 1 版
印　次	2010 年 2 月第 1 次
印　数	1~5000
定　价	15.00 元

ISBN 978-7-5367-4631-2 / S·143

编　委　会

主　任：谢红芳

副主任：李汝春　贾　都　寸艳芳　刘文敏

编　委：赵卫东　毛　炜　肖　林　张德强　江村西罗
　　　　　刘四康

主　编：黄　刚

副主编：斯那卓玛　赵卫东

参加编写人员：施方勤　钟泰此称　沈永生　斯那此里
　　　　　　　　格玛江楚　斯那俊登　和鑫明　曾风琴

审　定：何丕坤

因 为 爱……

——《可爱的家园——白马雪山自然保护区》代序言

"爱不需要理由。因为爱，我们来到了白马雪山；因为爱，我们与滇金丝猴朝夕相处。为了青山常在，绿水常流，我们在这里相聚，这既是一种缘分，更是一种责任……"这是 2006 年大学生绿色营到白马雪山时一位北京的同学给我的留言。她说她"到过塔克拉玛干大沙漠，到过满目黄土的陕北高原，到过大兴安岭植被恢复区，这次来到白马雪山，才知道什么是真正的绿色天堂"。是啊！亿万斯年，天一如既往地在这儿蓝着，树一如既往地在这儿绿着，人一如既往地在这儿乐着。"不识庐山真面目，只缘身在此山中"，我们生于斯、长于斯，更应该爱白马雪山，更应该爱上苍赐予我们的这一片绿色家园。

她是多么的美丽呀！

这里大山横断、众水分流，天高地远、满目苍翠。金沙江、澜沧江搀扶着苍凉的历史，从白马雪山的东西两侧浩浩荡荡、一泻千里。虽说"逝者如斯"，可她们却留下了这片绵延千里的青翠，这方古老神秘的文化奇观让人仰望、让人心疼、让人爱恋……我们是白马雪山的小主人，就更应该去爱她的一草一木、一虫一鸟，爱她湛蓝的天空，爱她清新的空气，因为未来是属于我们的。

白马雪山自然保护区是高耸奇险、神秘莫测的横断山纵谷区中最典型的、地势起伏最壮观的一段。独特、绝妙且类型众多的地貌，构成了完整的具有一流美学价值的自然地理单元、高山纵谷自然奇观，记录了地质历史演化中地质作用过程的丰富信息。走近她，我们可以听老师讲解什么叫做"缝合线"，什么叫做"蛇绿岩"。从小培养这样的兴趣，将来长大了，说不定我们之中也会出现像李四光爷爷那样伟大的地质学家。

保护区特殊的地理环境，被植物学家称之为"北温带植物体系的摇篮"。从横向的角度看（平面），其呈南北走向的高山大川在漫长的地史演化过程中有些温性成分的植物种类沿山脊南移，有些热带成分的植物种类沿河谷北上。这些植物种类在迁徙过程中，逐步进行了分化和繁衍，形成了复杂的组合和混杂交汇的现象，使白马雪山成为了举世瞩目的古老物种保存中心和亚种分化中心，形成了庞大而丰富的生物基因库。从纵向的角度看（立面），保护区海拔高差达 3 479 米，形成了美丽壮观的垂直带谱，为我们展现了一个缤纷的生物世界，一个包罗万象的生物大课堂。走近她，我们可以从老师那里学到什么叫做"生态系统"，什么叫做"特有属"。从小与生物学接触，长大了，或许我们之中会出现像蔡希陶、吴征镒爷爷那样著名的生物学家！因为从小立下大志，一切皆有可能！

在保护区遮天蔽日的原始森林中，珍禽异兽悠然戏逐，各得其乐，百鸟嘤嘤娇啭，高飞低翔，一派原始的祥和景象。其中最具代表性的是滇金丝猴。滇金丝猴是世界稀有、我国特有的灵长类珍稀濒危动物，是与大熊猫齐名的国宝。保护和研究滇金丝猴对于了解和认识灵长类动物进化史，创造人与自然和谐相处的空间具有特别重要的意义和极高的学术价值。为了滇金丝猴家族的生生不息，龙勇诚叔叔从遥远的大城市来到这里潜心研究；为了探索滇金丝猴的奥秘，世界上很多科学家迢迢万里来到这里考察……我们脚下的这块土地就是无价之宝，我们有什么理由不爱她呢？即使我们将来做一个普通的工人、农民，我们也更应该爱她，因为大自然是人类的根，人类不应该也不可能孤独地活在这个星球上。

因为爱，白马雪山每天都被不同颜色的眼睛解读。因为爱，白马雪山每天都被来自五湖四海的脚步踏寻。因为爱，白马雪山每天都被虔诚的心灵膜拜。这不仅因为白马雪山是一个生物多样性的王国，还因为白马雪山是一座灿烂的文化之山！这里的每一湾溪水，每一座山崖都在讲述着历史的悠远与雄阔，这里的每一片树叶、每一朵花儿都有一个美丽的传说……站在白马雪山，我们就可以看见历史像一条河流向我们缓缓淌来。千百年来，多种民族、多种语言、多种文字、多种宗教在这里和谐共生、共存共荣，创造了世所罕见的人文资源和清丽脱俗的多元文化，而环境保护文化则是其中一朵夺目的奇葩！作为白马雪山的儿女，我们从小就受到了环境保护意识的熏陶，这是一份珍贵的遗产，我们一定要把它发扬光大！

因为爱，让我们携起手来吧！因为爱，让我们把心与心连在一起去迎接更加美丽的明天吧！

环境教育普及读本《可爱的家园——白马雪山自然保护区》即将出版，编者约我写几个字，因为我也同你们一样一直深情地爱着白马雪山，所以便欣然应命了。

云南白马雪山国家级自然保护区管理局局长

二○○九年八月十五日

目 录

就开始我们的白马雪山保护之旅了，大家兴奋吗？别急，先让我们来学习一首好听的歌曲——《白马之恋》。

白马雪山自然保护区区歌
白马之恋

1=♭E 4/4

木 梭词
人狼格曲

(0 0 0 6 | 6 6 5 6 5 3 5 6 | 6 - - 7 | 7 7 7 #5 7 3 | 3 - - 6 | 6 6 5 6 3 2 1

1 5 3 2 2 | 3 3 2 5 7 6 | 6 - -) 6 | 5 6 0 6 1 6 3 | 2 · 1 6 0 2 | 1 2
　　　　　　　　　　　　　　　　　天 地间 有一座白马雪山，　那是我
　　　　　　　　　　　　　　　　　林 中的 小路上一串足迹，　那是我

3 5 3 3 | 5 6 ²3 - - | 3 6 5 6 0 6 | 1 6 3 5 6 · 1 | 3 2 2 0 1 2 3 | 2 2 · 5
守望 的 地 方，　天地间 有 一座白马雪　山，那是我 守望的
巡山 的 日 记，　林中的 小 路上一串足　迹，那是我 巡山的

7 6 | 6 - - - | 6 · 6 5 3 5 | 6 · 7 5 7 6 | 7 · 7 6 5 5 7 | 3 - - | : 6 · 6 5 6
地 方。　春来冰雪 融 化，鲜花开满 山，　夏日百
日 记。　夜来星月 照 梦乡，晨光化寒 露，　宿营炊

3 | 2 1 1 5 3 - | 2 2 3 3 2 5 | #5 7 6 - - - | 6 - 2 1 3 ²3 - - - | 6 6
鸟欢 唱，那是生命的 乐 园。　风雪 飘，　天地
烟袅 袅，我的歌声响 四 方。

²2 1 3 | ²2 - - - | 6 - 2 1 3 | 2 1 7 - | 2 2 5 7 | 6 - 2 1 3 | 6 - 2 1 3 |
白茫 茫，　我守望的 热土 白马雪 山，　风雪

²3 - - - | 2 1 5 5 6 | ²2 3 - - - | 6 6 2 1 3 | 2 · 1 7 0 3 | 2 2 5 7
飘，　天寒心犹 热，　跌倒在雪地的 兄弟，你 站起朝前

6 - - - || 6 - - 0 3 | ²2 2 5 7 | 6 - - | 6 - - ²2 | 1 3 0 6 1 6 2 | 1 6 0 6
走!　走，你 站起朝前 走!　嘟 ············

1 6 2 | 1 3 0 1 2 6 | 6 6 0 6 1 6 2 | 1 3 0 1 2 6 | 0 6 1 6 2 1 3 | 3 1
············

2 1 6 0 6 | 1 6 2 1 6 0 6 | 1 6 0 5 6 · 6 ||
············

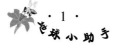

· 1 ·

芭球小助手

2003 年，在白马雪山保护区成立 20 周年的纪念活动中，保护区的员工集体演唱了一首歌曲——《白马之恋》。这首由保护区职工和当地民间艺人共同编创的歌曲抒发了保护区职工对自然保护事业的无限热爱，使参加庆典活动的领导和保护区同行深受感动。在云南省林业厅领导的建议下，这首歌曲成为全国第一首保护区区歌，已在保护区内广泛传唱。现在就让我们一起来学习和演唱这首属于我们保护区自己的歌。

想一想
做一做

活动：1. 在学校和村子里传唱《白马之恋》。

2. 为自己家乡和学校创作以环境保护为主题的文艺、绘画、写作和歌舞等作品，可以在学校或村子里举行比赛活动。

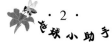

1 白马雪山自然保护区——美丽而神奇的家园

美丽的白马雪山

在地球上最高的地方——青藏高原的东南边、澜沧江和金沙江之间，有一片世人至今了解很少的神秘区域。这里海拔从1 949米到5 429米，相对高差达3 480米；这里的极端最高气温为24.5℃，极端最低气温为-13℃，在同一天内气温的变化幅度就有20多度；这里还是典型的季风气候，夏季气温高，多雨而潮湿，冬季寒冷，少雨而干燥。

你猜到它是哪里了吗？它，就是我们的家园——白马雪山。

白马雪山不是一座孤立的雪山，而是一个面积很大的山系，有很多座高山重重叠叠，绵延不断。据大人们说，因为白马雪山上最高的那座山峰"扎拉雀尼"，高高地耸立在云端上，若隐若现，从山下往上看就像一匹昂首嘶鸣的白马，所以我们的祖先就把这里称为"白马雪山"。

在我们的家园白马雪山上随处可以见到这些景象：海拔三四千米的山地上生长着大面积茂密的原始森林，在这些森林中，散落着大大小小的湖泊；在森林的遮蔽和充足的水源补给下，这里成为了野生动植物生活的最佳场地；连绵的山峰脚下，金沙江和澜沧江浩浩荡荡奔流向前，永不停歇；藏族和傈僳族为主的8个少数

澜沧江沿岸田园风光 （方震东摄）

地球小助手

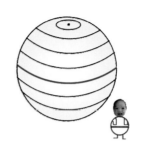

民族长期聚居于此,他们赋予了这里多民族、多宗教、古老、神奇的历史文化……

白马雪山位于云南省西北部迪庆藏族自治州德钦和维西县境内。为保护这一地区丰富的自然和文化资源,国家在这里建立了国家级自然保护区,现有保护区面积为281 640公顷。

保护区地跨13个乡(镇):德钦县的升平镇、奔子栏镇、霞若乡、云岭乡、燕门乡、羊拉乡、拖顶乡,维西县的巴迪乡、叶枝镇、康普乡、白济汛乡、攀天阁乡和塔城镇,东起金沙江河谷至德钦县奔子栏镇接格里雪山山脊线到维西县塔城镇的史跨底,南

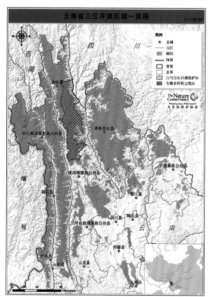

保护区位置图

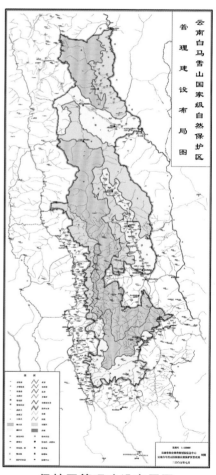

保护区管理建设布局图

· 4 ·

临维西县攀天阁乡的安一村，西以白马雪山山脊线至维西县叶枝镇海拔2 120米以上的山腰为界，北至德钦县羊拉乡的巴杂垭口。它是云南省建立的第一个大型的野生动物类型的自然保护区，同时也是我国现有面积最大的以保护滇金丝猴种群及其栖息地云冷杉林为主要保护对象的国家级野生生物类型的自然保护区。

这里环境幽静，人迹罕至，物种丰富，国宝级珍稀动物滇金丝猴就生活在这里。因为它们幼时通体白毛，藏民称它为"知解"，意思是"白猴"。自从1999年昆明世界园艺博览会把滇金丝猴"灵灵"作为吉祥物之后，这片"灵灵"生活的乐土就逐渐成为了全国乃至全世界关注的焦点。

知识窗

三江并流
世界自然遗产

在中国云南省的西北角，有三条江：金沙江、澜沧江和怒江。这三条江就像三个并肩同行的好朋友一样一起自北向南奔流170公里，两江间最短距离仅为18.6公里，三江间宽度最窄处只有66.3公里，然而它们的入海口却相距万里之遥。金沙江横贯整个中国大地，最终从上海汇入东海；澜沧江则从云南西双版纳出境，流经缅甸、泰国、老挝和柬埔寨，最后从越南南部进入南海；而怒江的入海口却远在印度洋的安达曼海。这一举世瞩目的奇观于2003年7月2日被联合国

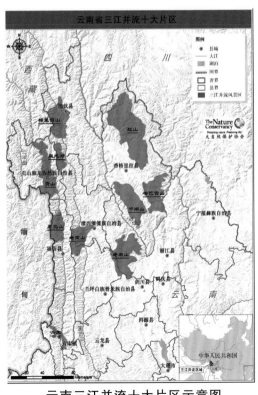

云南三江并流十大片区示意图

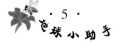

教科文组织批准为"三江并流"世界自然遗产。而"三江并流"的核心地区就是我们神奇而美丽的家园——白马雪山。（上图来自：新华网 http://www.yn.xinhuanet.com/topic/2006-06/06/content_7190910.htm）

　　这片土地是世界上挤压最紧、压缩最窄的复合造山地带。三条世界著名大江在这里仿佛被一种神力圈挤在一个非常狭小的空间，世间的美景也仿佛被这种神力压缩在这里。雪峰冰川一望无际、亘古不化，三条大江并肩南流、一泻千里，高山草甸、天然牧场翠绿辽阔、牛羊成群，丹霞美景多姿多彩、绵延不断，高原湖泊清澈见底；大自然之神奇、沧桑之巨变，尽收眼底；一座座高山峻岭、一条条急流险滩……三江并流囊括了云南省丽江市、迪庆藏族自治州、怒江傈僳族自治州的8个具有典型资源价值代表的片区，四山（担当力卡山、高黎贡山、怒山和云岭）夹三江（怒江、澜沧江、金沙江）的典型地貌奇观将这八大片区有机地结合在了一起。

想一想
做一做

认识家乡：

1. 你的家在哪里？在白马雪山地图中指出自己家的位置。

2. 你喜欢家乡的哪些地方？为什么？

地球小助手

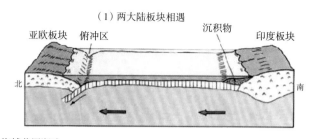

（1）两大陆板块相遇

亚欧板块　俯冲区　　　沉积物　　印度板块

北　　　　　　　　　　　　　　　　南

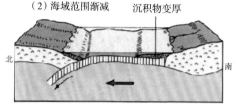

（2）海域范围渐减　沉积物变厚

北　　　　　　　　　　南

（3）沉积岩褶皱成山　喜马拉雅山脉

北　　　　　南

板块碰撞示意图

亚欧板块

喜马拉雅山

太平洋板块

印度洋板块

三大板块作用示意图

位于云南省西北部的白马雪山自然保护区，属于横断山脉地区。中生代（距今约2.5亿年～约6 500万年）以前，这里还是一片汪洋大海，很久以后海底慢慢抬升，最后才形成了陆地。

大约4 000万年前，印度次大陆板块与欧亚大陆板块大碰撞，古代的陆地受到了来自大陆板块运动的强大压力，它被挤压、隆升、切割，再经过自然界风风雨雨漫长的侵蚀、冲刷等复杂的作用，终于形成了现在展现在我们面前的广阔的高山、河流、峡谷群。它们像被施了魔法一般交替展布，成为当今世界上罕见的地质地貌博物馆，所以今天我们的家园白马雪山自然保护区又被称为"自然博物馆"。（图片来自新华网http://www.mofcom.gov.cn/aarticle/subject/nydz/subjectd/200510/20051000542402.html）

科学家们早就意识到了白马雪山所蕴涵的丰富的自然资源及其独特魅力。1959年的《云南省林业发展总方案》中，白马雪山就成为了首批拟建的自然保护区之一。但由于当时经济形势等原因未能落实。几经周折后，云南省于1983年4月27日正式批准建立了白马雪山自然保护区，掀开了白马雪山保护工作的新篇章。

经过20多年的发展，白马雪山地区现在已经发展为面积有28万多公顷的国家级自然保护区，它既有高度的生物多样性、丰富的地质遗迹，还是"三江并流"的代表性物种——滇金丝猴的原始栖息地。这也是最值得我们骄傲的一点了，因为滇金丝猴作为"三江并流"区域最具典型意义的物种，以我们的家乡白马雪山自然保护区最多。我们家乡的神奇风景和珍稀的野生生物多样性引起了世界上很多人的关注。

美丽的家乡等待着热爱自然的人们来描绘它的未来，也需要我们用自己的行动让它更加多姿多彩。世界自然遗产是属于整个世界的遗产，"三江并流"世界自然遗产的核心——白马雪山自然保护区是大自然赋予全世界、全人类的一份厚礼，每一个人都有责任来保护她。以下这些都是我们日常生活中可以做到的事：

1. 看到路边的垃圾，把它收集起来，丢到指定的垃圾存放处。

2. 从小养成在日常生活中不乱丢垃圾的好习惯，并用这种好习惯影响身边的人。

3. 爱护树木，不攀折树枝和损伤花草。

4. 不掏鸟窝，不打鸟。

5. 不伤害小动物。

6. 好好学习，学好本领长大后为自己的家乡作更多的贡献。

想想看，我们在日常生活中还应该注意并做好哪些事情来爱护我们美好的家园？

保护区管理人员的工作

>对森林：保护区采取的措施主要有：制作宣传牌；开展保护教育活动；举办护林员保护知识培训；定期巡山；举办"绿色夏令营"活动；聘请活佛参与保护宣传；举办保护研讨会；推广节能技术和替代能源；制定村规民约；采取对野生动物的防范措施；开展放牧对天然草场影响的研究等。

保护区职工巡山

儿童夏令营

>对社区发展：对策包括实施坡改梯工程；引进优良农作物品种；开展农业科技培训；举办畜牧养殖培训班；举办经济林栽培技术培训班；举办妇女儿童健康检查及卫生知识培训班；开展多种经营；改善交通、通讯条件等措施。

养蜂培训

节柴灶

>在开展法律、法规宣传教育的同时，配合有关部门收缴保护区内保留的猎枪、铁丝扣等狩猎工具，依法判处非法盗猎国家重点保护野生动物的犯罪分子。

执法宣传

>与国内外的科研机构和有关国际保护组织开展合作项目，如与大自然保护协会等合作，开展了滇金丝猴研究以及多学科综合考察。借此培养一批科研人员，推动保护区科研能力的建设。

风速观测仪器　　　　　　　　　　植物调查

保护区坚持"发展促和谐，和谐促保护，保护促发展"的工作理念，依托云南滇金丝猴研究中心建设，把白马雪山自然保护区建设成为"与国际接轨，国内一流，以滇金丝猴保护为重点，生物多样性得到有效保护，人与自然和谐发展的生态文明示范区"。

想一想
做一做

1. 通过你的观察数一数自己村子周围的管理人员做过哪些工作？

2. 你的家人以及你们村子里面的人是怎么看待保护区的建立的？再问问其他人，听听他们的意见。你自己的看法呢？

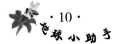

1.2 白马雪山的高山原始湿地

对无数旅游者来说，白马雪山是他们梦中的神秘之域，然而并不是世界上的每个人都有幸能够亲身感受它的美丽与神奇。白马雪山上高山林立，大河纵横，还有很多大小不等的美丽湖泊，它们犹如无数颗珍珠撒落在广阔的白马雪山上，为雪山增添了无穷魅力，也为雪山的生态旅游、探险旅游和科学考察提供了理想的场所。

雪山中的湖泊多分布在海拔3 300～4 900米之间。据统计，约有30多个，最小的湖泊是奔子栏镇书松西南面的粗银湖，面积为500平方米，最大的湖泊是奔子栏镇书松村西面的粗那湖，面积30万平方米。这些湖泊

高山冰渍湖　方震东　摄

虽小，却常年有冰雪融水的补充，通过地下供水和疏水系统，能够保持永远不干涸，是家乡水资源的重要组成部分。同时这些湖泊也是金沙江、澜沧江的水源部分。

在保护区内的高山湖泊中，白马雪山主山脊以西的高山湖泊属澜沧江水系，主山脊以东属金沙江水系。

这些湖泊均为古老的冰山积水而成，湖水很冷，水很清洁，水里面一般没有鱼类生长，目前除了作为河溪水源外，还没有其他的利用方式。它们虽然不大，但都十分让人赏心悦目。你看，这些冰湖出现在高高的冰山雪海之中，被成片的墨绿色的森林所包围，周围可谓山青水绿，整个自然景色十分秀丽。天气晴朗之时，头顶蓝天白云，眼前平静无波蔚蓝色的湖水，身旁和远方绿色的林海，皑皑的雪原，以及众多的涓涓细流的小溪，在某些河谷内还有一定高差的瀑布，所有这些融合在一起，恰如人间仙境，成为生态旅游不可或缺的宝贵资源。

湿 地

湖泊湿地

什么是湿地：湿地与森林、海洋并称全球三大生态系统。湿地包括沼泽、泥炭地、湿草甸、湖泊、河流、滞蓄洪区、河口三角洲、滩涂、水库、池塘、水稻田以及低潮时水深浅于6米的地带。它们共同的特点是表面常年或经常覆盖着水或充满了水，是介于陆地和水体之间的过渡带。科学家一般将它分为以下几类：（1）沼泽湿地；（2）湖泊湿地；（3）河流湿地；（4）浅海、滩涂湿地；（5）人工湿地。从寒带到

白马雪山沼泽湿地

热带，从沿海到内陆，从平原到高山，都有湿地的分布。

湿地帮助清洁水源

湿地帮助清洁水源

如果你把脏水倒进海绵，你会发现有较清洁的水流出。在自然界，当水流过湿地的时候，类似的情况也会发生。在湿地里生长的植物可以减缓脏水的流速，并且把一些污染物和沉积物截留下来。但植物并不是能净化水的唯一生物。一些水生动物，如河蚌，它们能像抽水机一样抽取水，使水通过它们的身体，并在体内把其中的食物过滤出来供养它们自己，这就使它们生活于其中的水得到净化。

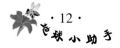

湿地是生命之源

湿地的蓄水功能

缺乏湿地保护造成水土流失

无湿地存储洪水，造成洪水泛滥

湿地的存水功能，有效地缓解了洪水带来的压力

想象一下周围的环境没有水的样子。湖泊、河流、水塘、小溪全部消失不见了，树木因为缺水而奄奄一息，枯黄的小草点缀在龟裂的大地上，动物们早已消失了或逃亡到不知什么地方去了……对全世界很多地方来说，这幅场景不是幻景，而是活生生的现实！没有水，世界上就没有生命！

为保护湿地全世界都在采取行动

1971年2月2日，来自18个国家的代表在伊朗南部海滨小城拉姆萨

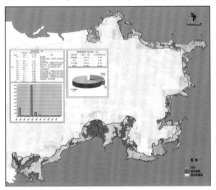

湿地规划图

尔签署了一个旨在保护和合理利用全球湿地的公约——《关于特别是作为水禽栖息地的国际重要湿地公约》。该公约于1975年12月21日正式生效，至2006年有147个缔约方。我国于1992年加入该公约。这个公约是今天国际上非常重要的一个以保护湿地为目的的条约。《湿地公约》还作出决定，从1997年起，每年的2月2日为"世界湿地日"。

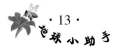

课外活动：**构建湿地**

活动目的：构建湿地模型，学习湿地功能

活动准备：学习书中第一章第三节及其相关湿地知识；2升可乐瓶1个（活动前纵向平分成两半）；4个一样大小的矿泉水瓶子（把2个瓶子的盖用小钉子扎破相同数量的小孔做成洒水的"喷壶"，另外2个在瓶口下5厘米处拦腰切断，用下面一截作为盛水的"水桶"）、若干小块海绵、小石子、沙子、土壤。

活动地点：室内或室外

活动时间：60分钟

活动过程：

1. 把同学们分成A、B两个组，每组领取半个可乐瓶、1个"小水桶"、1个装满水的"小喷壶"和一半数量的小石子、沙子与土壤；A组领取若干小块海绵，两个组准备在半个可乐瓶里构建一个湿地模型。

（插图来自《天下溪乡土环境教育教材——自然的孩子》）

2. 两个小组将半个可乐瓶水平放置，在最下面平铺一层等量的小石子，然后铺上一层等量的沙子，最上面铺上等量的土壤；A组的同学要在土壤中镶嵌一些干海绵碎块，最后在模型中间制造一条小沟代表河流。

3. 模型建好后，用相同高度的东西垫高可乐瓶底部，把相同高度和大小的"小水桶"放在可乐瓶口的下面接水；并做好计时的准备。

4. 实验开始，两个小组同时用"喷壶"向自己的可乐瓶底部喷水，代表"下雨"，两个小组的喷水大小和速度保持大致相同，喷水不要过猛，直到"喷壶"的水全部喷完为止。

5. 开始"降雨"的时候，两个小组都要做好记录：模型开始流出水的时间、模型不再流水的时间、模型流出接到"小水桶"里面的

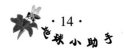

水的重量。

6. 将上述数据进行比较，讨论分析湿地的功能。

活动提示：湿地与海绵的功能有相似之处。本模型还可以进行改造来说明其他问题，比如把A组的海绵去掉，在土壤上面换上一层青苔或者松毛覆盖，在实验过程中把可乐瓶的底部垫得更高，降水更猛，就可以让同学们分析植物和山坡上的枯枝落叶对防止水土流失的作用了。

想一想
做一做

1. 把A、B两组试验的数据进行仔细比较，看看有什么不同？为什么会产生不同的结果？

2. 森林中的枯枝落叶对防止水土流失起到了什么作用？

3. 思考与海绵有相似作用的湿地在自然界中发挥着什么功能？

1.3 白马雪山是重要的水源地

白马雪山区域内有许多河流，除了金沙江和澜沧江干流以外，还有流入金沙江和澜沧江的一、二级支流约100余条。这些河流除了珠巴洛河和阿东河为较大的支流外，其他的都比较短小。所有河流都有河谷深切、河面狭窄、水流湍急，对周边环境侵蚀力强，河边有大小石块堆积的共同特点。

珠巴洛河源头

珠巴洛河是金沙江在德钦县境内最大的支流，也是保护区内最大的河流。它发源于白马雪山主峰扎拉雀尼东北面的索拉山口，由数十条冰雪融化后形成的溪水和河流汇集而成。河流源头从海拔5 000米的主峰沿白马雪山的山谷而下，穿越莽莽林海，流经茨卡通、夺松、月仁、霞若等地后到拖顶附近汇入金沙江，成为金沙江即长江上游的重要支流之一。

珠巴洛河秋色

霞若、拖顶两乡大部分村落就分布在珠巴洛河流域内的河谷和山区地带。这两个乡是德钦县傈僳族人口的聚居区，傈僳族主要居住在山区或半山区，藏族主要居住在河谷区。珠巴洛河两岸高山威严相对，河流在河谷中奔流，时急时缓，随着地势的变化，河面也是忽宽忽窄。

河岸上梨、苹果、黄果、柑桔、核桃等果树繁茂，房舍掩映其间。山上田块星罗棋布，犹如一块巨大的画布。

不论下游的长江多么壮观，远方的大海多么宽广，离开了涓涓细

白马雪山山间清泉

流，它们都不可能存在，这也是我国为什么会将长江中上游的水土保持作为一项重要工程的原因。

长江等大江大河上游分布的森林植被成为流域内生态环境保护的绿色生态屏障和社会经济可持续发展的重要基础。长江上游有一段很长的距离，具体指的是"长江源头至湖北宜昌这一江段，它涉及西藏、青海、云南、贵州、四川、重庆等多个省市"。

长江上游的天然林由于遭到长期过量的采伐，面积大大减少，质量下降。而人工更新的森林面积有限，结构不合理，致使这些地区水土流失逐年加剧，江河含沙量激增，严重影响到长江上游社会经济的发展，也是造成长江中下游洪水灾害的重要原因之一。

白马雪山保护区有世界上保存最完好的大面积原始森林，是两河流域重要的水源涵养地和众多河流的发源地。白马雪山等滇西北大片森林蒸腾的水分，又是中国东部降水的一个重要来源。因此，保护好这一区域的原始森林，关系到长江流域各个省市同胞的生命财产安全，也关系到长江中下游良好生态环境的维护和中国东部地区的风调雨顺。

知识窗

节约每一滴水

我们的家园白马雪山是重要的水源地，可是大家知道吗，全世界都在面临水资源的问题。

目前全世界的淡水资源仅占其总水量的2.5%，其中70%以上被冻结在南极和北极的冰层中，加上难以利用的高山冰川和永冻积雪，有87%的淡水资源难以利用。人类真正能够利用的淡水资源是江河湖泊和地下水中的一部分，约占地球总水量的0.26%。

世界水资源比例图

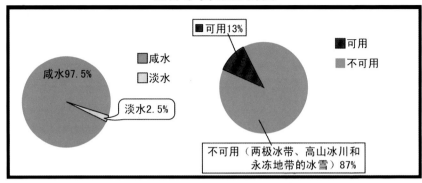

我国拥有的淡水资源居世界第6位。但由于人口多，每个人水资源的占有量就很低了。"水多了，水少了，水脏了，水浑了"是现代中国人民不得不面临的"四大难题"。

水多：供给和需求不平衡。河道多，造成了河水断流，地下水位下降等。"水多"不是指水多得我们用不完，而是多得不正常，往往以大雨、暴雨和洪水泛滥的形势给我们的生命财产造成严重的威胁和破坏，局部地区的水多得让人胆战心惊。

洪水图片（央视国际）

水少：由于水量的供给和需求不平衡，近年来造成了很多重要的河水断流、地下水位下降等严重的自然灾害。

九曲黄河万里沙

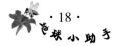

水脏：水环境污染等。当前，中国水污染问题已经到了非常严重的程度。调查结果显示，中国90%的城市的地下水不同程度遭受有机和无机有毒有害污染物的污染。 （摘自《21世纪经济报道》）

污水导致水里的鱼和青蛙死亡

吉林石化公司双苯厂泄漏的苯（一种化学物质）使松花江遭受严重污染

水浑：包括水土流失，地下水位下降所引发的一系列生态环境问题，也包括沙尘暴问题。

沙尘笼罩呼和浩特市

风沙行走在呼和浩特市街头，两位妇女蒙着纱巾，顶着

"地球上最后一滴水将是人类的眼泪"，这句提醒人们节约用水的广告语，相信许多人都听说过。为了能让我们或者我们的子孙后代将来也有洁净、甘甜、清澈的水资源，让我们从现在开始节约每一滴水，真正做到对用水"斤斤计较"！

为了保护和节约白马雪山大家园宝贵的水资源，我们在日常生活中可以学习和借鉴下面的建议：

1. 不要到水源地游玩。游泳、捕鱼、洗东西、放牧等都会造成水

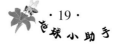
地球小助手

源污染。另外，我们可以劝阻人们不要砍伐水源地的树木，这样会使水源枯竭。

2. 告诉大家不要往河流、湖泊和沟渠里乱扔垃圾。

3. 洗衣物时尽量使用肥皂和不含磷（一种化学物质）的洗衣粉，因为磷会让水发生变质而受到污染。

4. 洗碗的时候尽量不用或少用洗洁精，因为洗洁精是化学产品，会对水源、地下水和土壤造成污染。

5. 剩菜里的油腻物直接倒入水中会对水源和土壤造成污染，可以用剩菜、剩汤来喂养家禽、家畜或者把它填埋在土壤下作为有机肥料。

想一想
做一做

除此之外还有哪些？发表自己的建议和看法。

制定计划：在老师的组织下，开展如何保护家乡水源和节约用水的主题班会，制定出同学们可以坚持实行的计划来保护森林和节约用水。

水是生命之源，
请节约用水！

1.4　白马雪山的生物多样性

今天又是六年级上自然课的时候，同学们正在教室里开展一场讨论。讨论的话题是：你认识多少家乡的动植物？格茸第一个站起来说："我认识格桑花，还有我家门口的杨树和松树。"追玛说："我知道山上有杜鹃花，还有天上飞的秃鹫。"取平说："我最清楚冬虫夏草了，因为我经常和爸爸一起上山挖虫草，我还知道松鼠。"大家争先恐后，说出了好多好多家乡的动植物名称。老师统计了一下，竟然有七八十种。老师没想到大家能知道这么多的动植物名称，很为同学们感到骄傲。

老师说："同学们知道的生物种类还真不少，但是同学们知不知道我们的白马雪山有哪些动植物是受到国家重点保护的呢？"这下大多数同学都傻眼了。老师笑着说："白马雪山有全国罕见的丰富的生物多样性，大家还有很多都不认识也是理所当然的。我这里有一些彩色的图片，是从保护区管理局那里借来的，这些图片上的动植物都是科学家们和保护区的工作人员一道经过多年艰辛的调查才获得的，它们可都是我们家乡最有代表性、最特殊的动植物。同学们，大家现在就和我一起来了解这些家乡宝贵的生物种类吧！"

看完了这么多美丽的图片，同学们终于知道了原来自己的家乡还有这么多丰富而又特别的伙伴，怪不得吸引了这么多山外的科学家来研究它们呢。老师还在黑板上给大家列了一张表，让大家更清楚地了解了科学家们目前统计到的我们家乡白马雪山的资源情况。

植　物

种子植物有1 747种，其中：

1. 白马雪山国家级自然保护区内国家重点保护野生植物15种：

（1）属国家一级保护植物的有4种：玉龙蕨、独叶草、云南红豆杉、光叶珙（gǒng）桐；

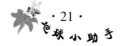

玉龙蕨

独叶草

光叶珙桐

云南红豆杉

（2）属国家二级保护植物的有11种：冬虫夏草、松口蘑（松茸）、金铁锁、澜沧黄杉、油麦吊云杉、云南榧（fěi）树、秃杉（台湾杉）、胡黄连、山莨菪、水青树、滇藏木兰。

澜沧黄杉　　　　云南榧树　　　　秃　杉

油麦吊云杉　　　冬虫夏草　　　　松　茸

（3）属三级保护植物的有11种：长苞冷杉、短柄乌头、华榛、领春木、棕背杜鹃、似血杜鹃、硫磺杜鹃、黄牡丹、桃儿七、延龄草、天麻。

华　榛

动　物

保护区内哺乳类动物有9目23科70属100种，鸟类17目43科246种（亚种）。由于保护区内峡谷相对高差一般均在3 000米以上，因此，在不同海拔高度上形成了非常明显的自然植被的景观垂直带，随之野生动物因生境的变化，也形成了明显的垂直分布。

1. 白马雪山自然保护区哺乳动物及鸟类动物垂直分布概况：

——海拔2 000~2 800米的干暖河谷稀疏灌丛草坡生长环境记录的哺乳动物约有21种，鸟类动物88种，如北树鼩、大灵猫、小灵猫、雉鸡、大山雀等。

——海拔2 800~3 200米的中山高山松与落叶阔叶林生境记录的哺乳动物约有70种，鸟类动物147种，如金猫、云豹、水鹿、猪獾、白腹锦鸡、山斑鸠等。

——海拔3 200~4 000米的亚高山暗针叶林带生境记录的哺乳动物

岩羊

雪豹

林麝

约有85种，鸟类动物100种，如保护区主要保护对象滇金丝猴等，是保护区动物种类的精华所在，其它有藏马鸡、红腹角雉等。

——海拔4 000~4 500米的高山灌丛、流石滩生长环境记录的鸟类动物68种，哺乳动物仅14种，如旱獭、雪豹、岩羊、榛鸡、雪鹑等耐寒的动物。

2. 白马雪山自然保护区的国家重点保护动物：

（1）国家一级重点保护野生动物

兽类7种：滇金丝猴、雪豹、金钱豹、云豹、熊猴、林麝、高山麝。

鸟类8种：黑鹳、金雕、胡兀鹫、拟兀鹫、黑颈长尾雉、黑颈鹤、斑尾榛鸡、四川雉鹑。

云　豹

滇金丝猴

（2）国家二级重点保护野生动物

兽类16种：猕猴、穿山甲、豺、黑熊、棕熊、小熊猫、石貂、水獭、斑灵狸、大灵猫、小灵猫、金猫、猞猁、鬣羚、斑羚、岩羊等。

小熊猫

棕　熊

兀　鹫

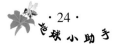

鸟类20种：松雀鹰、雀鹰、高山鹰雕、普通鵟、高山兀鹫、毛脚鵟、红隼、淡腹雪鸡、血雉、红腹角雉、藏马鸡、勺鸡、白腹锦鸡、灰鹤、楔尾绿鸠、大紫胸鹦鹉、雕鸮、灰林鸮、白腹黑啄木鸟、鸢。

血雉

白马鸡

红腹角雉

白腹锦鸡

此外还要告诉大家的是，据科学家们估计，没有被记录在内的动植物还有不少，正在等待着人们的发现和探索。哇，原来我们的家乡资源这么丰富！

什么是生物多样性和生态系统？

生物多样性是指各种各样的生物在某一区域的丰富程度，它包括遗传多样性、物种多样性、生态系统多样性和景观多样性。某一区域内不同种类的生物之间相互联系、彼此依赖的程度越高，这一区域的生态系统就越稳定。

简单来看它们的关系就像下图表示的那样：

我们可以看到这样的食物链：土壤里的微生物、细菌、真菌和蚯蚓等分解者分解腐烂的动植物残体和粪便为绿色植物提供养分——→绿色植物们（如：草、树木、竹子等等）通过光合作用吸收土壤里的简单化合物以及各种养分生长，发育结出果实——→鼠类等小动物吃坚果——→蛇捉老鼠吃——→鹰再吃蛇——→回到起始状态：鹰、蛇、老鼠的粪便和尸体、植物的落叶等腐烂后又为土壤里的微生物和蚯蚓

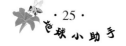

等分解者提供食物。

在这个食物链当中，植物们在生长过程中释放出氧气供动物们呼吸，动物反过来又为植物提供了它们"呼吸"所需的二氧化碳和一定的肥料——粪便。动植物死后，他们的残体经过各种细菌等分解者的分解进入土壤，又变成植物生长的养料。

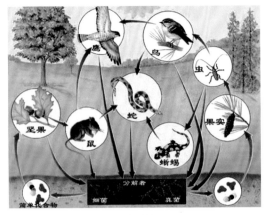

生物链

因此，家园里少了谁都会影响到其他生物伙伴们的生存。我们人类也仅仅只是世界上许多不同生物中的一种，只能依靠各种生物彼此相互依赖而生存。只有这样生命世界才会变得更加丰富多彩!

生物多样性还给人类带来很多效益，这些效益可以分为以下四大类:

1. 提供了食物、饲料、药材、燃料、建筑材料等;

2. 为人类提供文化、审美、娱乐以及教育和研究的源泉;

3. 为人类提供间接的生态效益，例如调节气候、制造氧气、调节供水、保护土壤、建立冲积农田、帮助减少洪涝灾害和水土流失、控制农业害虫、固着有毒废气物，以及促进生物进化过程等;

4. 为人类提供天然的物种基因库。

想一想
做一做

1. 如果人们杀死食物网中大量吃老鼠的鹰、蛇等，会发生什么现象?

2. 如果家园的生物多样性遭到了破坏，会对我们的生活带来哪些影响?

3. 根据以下动植物构成一个食物链关系:兔、草、鹰、蛇。

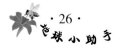
地球小助手

课外游戏：**编织生命网**

准备一大团塑料绳或毛线。

如果班里的同学太多，就让一半的同学做活动，另一半在旁边观察活动的变化，并一起参加活动后的讨论。

选择一块空地，最好是户外，全班同学在老师的带领下来到空地上。做活动的同学围成一个圈。

好，现在我们开始。

大家围成的这个圈代表了我们生活的白马雪山大家园。这里有茂密的森林，由于生态环境良好，所以有很多种植物，冷杉、云杉、红豆杉都

（图片来自《天下溪乡土环境教育教材——自然的孩子》）

生长在这里。谁还能说出我们家园里还有哪些高大的植物？请老师把绳头递给第一个说出植物名称的同学，这位同学现在就代表这种植物，然后依次把绳子递给说出本地植物的同学，拉到绳子的同学要把手里的绳子拉紧，还要记住你现在已经是这种生物的代表了。

茂密的森林为众多的林下植物如菌类中的羊肚菌，野生药材中的雪莲，野生花卉中的兰花等提供了舒适的生长环境。谁还能说出家乡更多的林下植物？请老师把绳子依次递给说出林下植物名称的同学。

大家知道我们美丽神奇的大家园里除了有丰富的植物种类之外，还有同样丰富的野生动物资源。因为有大片原始森林的庇护和充足的食物，大家园里生活着许多世界上珍稀的野生动物物种，比如国家一、

二级保护动物云豹、小熊猫等。谁还能说出我们家园里更多的野生动物？请老师继续把绳子依次递给说出野生动物名称的同学。

森林茂密，食物众多，自然会引来各种各样的鸟类也在我们的大家园里安家，据统计有200多种，其中金雕、高山兀鹫等还是国家级的保护鸟类。每到春夏季节，我们的大家园里百鸟竞欢，森林里随处可见各种鸟窝和鸟蛋，还有叽叽喳喳叫个不停的各种雏鸟。谁能说出家园里还有哪些鸟？请老师继续把绳子依次递给说出家园里鸟类名称的同学。

植物、动物、鸟都有它们各自的天敌，比如有些鸟就是昆虫们的天敌，它们专门吃蚊子和蝴蝶等；可是有些生活在森林里的爬行动物，又特别喜欢偷吃鸟蛋和雏鸟。就包括人类在上山放牛、放羊的时候也会遭遇到熊、豺、狼等的攻击。谁能说出家园里的这些动物？请老师继续把绳子依次递给说出家园里其他生物天敌的生物名称的同学。

现在请大家暂时停下来，请老师把绳头绳尾打成一个结。大家一起来看看是不是一张大网已经呈现在我们眼前。请所有同学把绳子拉紧，然后其中的某一个同学突然拉动自己手里的绳子，并不断重复。其他同学只要感到手中的绳子被拉动了也跟着拉动绳子，并不断重复。我们再一起看看，这张大网出现了什么变化？是不是只要有一个同学拉动绳子就会使整个大网都被牵动？这种现象说明生物界各种生物之间有什么关系呢？请大家思考。

接下来游戏还没有结束。现在只要在叙述中提到哪类生物的名称，就请代表这种生物的同学松开自己手里的绳子，其他同学要一直保持绳子拉紧。

这张大网所揭示的就像以往我们大家园里没有出现环境威胁，也没有受到人为破坏时各种生物之间紧密联系、互相依赖的和谐共存的美好景象。现在，大量的树木被砍伐；新开垦的大片田地已经爬上山坡；大量的牲畜被放养到更高的草甸……渐渐地，住在森林里的野生动物们活动的家园越来越小，食物也越来越少了，导致它们的种类和数量不断减少，有很多已经濒临灭绝；没有了高大树木的庇护，再加上人类的不可持续的采集，使得林下植物也纷纷减少；地里施用的农药也使很多蜜蜂和蝴蝶等渐渐减少，找不到食物的鸟类数量也下降了很多。

想一想
做一做

一起回顾活动的过程，并讨论：

1. 为什么我们能够编织出一张大网？这张网反映了怎样的自然规律？

2. 为什么一个同学拉动绳子就能带动整个网都动起来了？这说明了什么道理？

3. 我们人类在这张网中扮演了什么角色？

4. 这张大网在什么情况下会受到威胁？如果这张网就像最后我们看到的一样消失了，说明了什么问题？我们人类的生存将会受到哪些影响呢？

地球小助手

1.5 白马雪山的原始森林

我们先来看一份家乡森林资源的数据表，了解一下家乡的森林资源里各类森林面积。

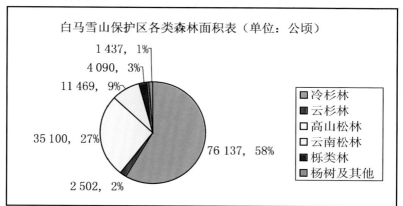

白马雪山保护区各类森林面积表（单位：公顷）

1 437, 1%
4 090, 3%
11 469, 9%
35 100, 27%
2 502, 2%
76 137, 58%

- 冷杉林
- 云杉林
- 高山松林
- 云南松林
- 栎类林
- 杨树及其他

森林资源可以说是我们家乡白马雪山最为宝贵的资源。其中寒温性针叶林如冷杉、云杉等暗针叶林和高山松林、云南松林是白马雪山森林的主体，也是保护区最为宝贵的森林种类。这是经过自然界长期

黄果冷杉

冷 杉

杜鹃花

宽钟杜鹃（方震东摄）

地球小助手

云南松

杜鹃花林

长苞冷杉

金黄杜鹃

　　的过程形成的相对稳定的森林，基本上保持着原始状态，人为干扰很少，是保护区主要保护对象——滇金丝猴，以及其它各种珍禽异兽赖以生存的家园。林下各种杜鹃花特别丰富，有"杜鹃王国"的美誉，这里的杜鹃林被《中国国家地理》杂志评为"中国最美十大森林"之一。

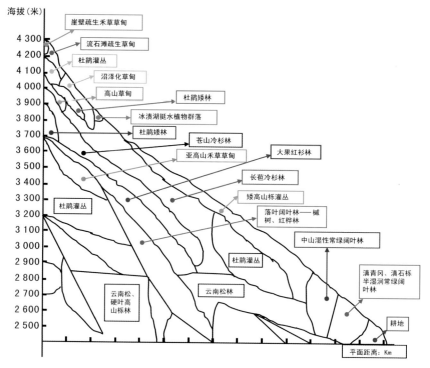

海拔（米）

- 崖壁疏生禾草甸
- 4 300
- 流石滩疏生草甸
- 4 200
- 杜鹃灌丛
- 4 100
- 沼泽化草甸
- 4 000
- 高山草甸
- 杜鹃矮林
- 3 900
- 冰渍湖挺水植物群落
- 3 800
- 杜鹃矮林
- 苍山冷杉林
- 3 700
- 亚高山禾草甸
- 大果红杉林
- 3 600
- 3 500
- 长苞冷杉林
- 3 400
- 矮高山栎灌丛
- 3 300
- 杜鹃灌丛
- 落叶阔叶林——槭树、红桦林
- 3 200
- 3 100
- 中山湿性常绿阔叶林
- 3 000
- 2 900
- 杜鹃灌丛
- 滇青冈、滇石栎半湿润常绿阔叶林
- 2 800
- 2 700
- 云南松、硬叶高山栎林
- 云南松林
- 2 600
- 耕地
- 2 500

平面距离：Km

　　白马雪山自然保护区是云南省纬度最北、平均海拔最高、亚高山针叶林最密集的自然保护区。这里森林的主要特点是原始森林面积大、寒温性树木种类多、森林生态系统完整、森林植被垂直分布明显、林下资源丰富、具有多重效益和功能。

　　保护区内的寒温性针叶原始林主要包括冷杉林、云杉林、大果红杉林和高山松林。保护区是我国冷杉属树种最丰富的地区。这在全国范围内都是数一数二的。

云杉林

高山松林

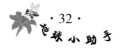

大果红杉林

长苞冷杉林

泥石流卡通画

泥石流

　　白马雪山的这些优势森林资源，不仅是当地人民生产生活中赖以生存的资源，在滇西北以及全国的位置也是十分重要的。众所周知，当地的居民历来在生产生活中对森林资源的依赖性很强，建房、取暖、煮熟食物、生活用品都离不开森林。

　　随着人口的增长和经济利益的驱使，对树木、林下资源如松茸等的采集缺乏科学管理，资源利用方式基本处于随心所欲的状态，这对一些濒危动植物的生长是十分不利的。

　　森林还能起到调节气候、净化空气、防止水土流失、防风固沙的作用。如果没有了森林的覆盖，家乡的空气将不再纯净，泥石流、山体滑坡、沙尘暴将肆无忌惮地在我们家乡发生！

　　人类不能忽视森林的重要作用：

　　1. 减缓全球气候变暖；

　　2. 维持全球和局部天气正常；

　　3. 是动物、植物赖以生存的栖息地；

4. 赏心悦目，提供人类高品质的审美环境；

5. 防止水土流失、山体滑坡、洪涝等自然灾害；

6. 为动植物以及人类的呼吸制造氧气。

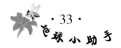
地球小助手

思考一下，如果森林遭到破坏会给我们的家园和住在金沙江、澜沧江、怒江中下游的人们以及他们的家园带来什么样的后果呢？

家乡常见菌类和药材

松 茸

松茸，藏语称"毕沙"，是一种纯天然的珍稀名贵食用菌类，被誉为"菌中之王"，主要产于海拔3 000米左右的亚高山针叶林、阔叶林，它具有强身、益肠胃、止痛、理气化痰、抗癌的功效。这种外形奇怪、气味芳香的蘑菇，远销日本等国，在国际市场上能卖到150美元/千克，相当于1 200元人

松 茸

民币，是中国最昂贵的蘑菇。云南省是我国鲜松茸的出口大省，自1980年起开始对日本出口鲜松茸以来，出口数量逐年增长，1998～2001年每年出口量占全国出口总量的65%，占日本进口量的42%。松茸的采集、销售是迪庆州主产地老百姓主要的经济来源之一。

羊 肚 菌

羊肚菌

羊肚菌，藏语称"古古"，因为其外形似羊的肚子，故被称为羊肚菌。它也被称为"菌中之王"，是世界上很名贵的菌类，属高级营养滋补品。据测定：羊肚菌富含蛋白质、粗脂肪、氨基酸等20多种对人体健康十分有用的物质，特别是人体必需的8种氨基酸含量很高。它

既是宴席上的珍品，又是医药中久负盛名的良药，过去作为敬献皇帝的滋补贡品，如今已成为出口西欧国家的高级食品，是一种不含任何激素、无任何副作用的天然保健食品，在医药上有重要的开发价值。

羊肚菌味道鲜美，脆嫩可口，营养极为丰富。目前主要依靠野生，因一年只长一次，产量很少，采集相当困难，国内市场参考价每千克800~1 000元，如果出口的话价格更加昂贵。

冬虫夏草

冬虫夏草是我国医药宝库中的一味珍贵的中药药材。每年盛夏，高海拔上的雪山草甸冰消雪融，万物复苏。蝙蝠蛾也开始在花草树叶中产卵，繁殖后代。蛾卵经过自然孵化变成小虫钻进土里，依靠吸取植物根茎的营养长大，逐渐变得又白又胖。虫草菌在盛夏季节也开始活跃，潜入虫体寄生繁殖，萌发菌丝。幼虫受其感染蚕食而死，只留下一层幼虫的外皮，这就是"冬虫"。第二年夏天，虫草菌在虫体内抽出，露出地表4~10厘米，形成一株紫红色的小草，顶端有菠萝状的囊壳，这便是"夏草"。囊壳表面布满了小球体，即虫草菌的繁殖器官"子囊壳"，

虫 草

壳内长有"子囊孢子"，孢子成熟后从囊壳的孔口射出，可以随空气飘游很远，一有机会又钻入别的虫体。可见，虫草其实是一种在冬天吃了虫，夏天长出地面的真菌。因此，冬虫夏草是植物而不是动物。在其形成"夏草"之时，体内的有效成分最多，是采集的最好季节。

想一想
做一做

1. 你们家上山采集松茸、羊肚菌和药材吗？家乡的这些资源与你和你家人的生活有哪些联系？

2. 假如家乡的森林都被砍光了，野生动植物和我们人类的生活与生存将会受到哪些影响？

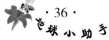
地球小助手

1.6 白马雪山的民族传统文化

　　白马雪山自然保护区处在一个多民族、多宗教的地区，古老、神奇、博大是其特点。希尔顿在《失去的地平线》一书中描述了一个令人神往的地方——香格里拉，这里就是它的一部分。这里的人文资源内涵丰富，历史悠久而且独特，是世界罕见的多民族、多语言、多文字、多宗教信仰，风格独特、情趣各异的多种生活方式和风俗习惯并存的区域。悠久的历史文化遗产，形成了无数绚丽多彩的民族文学和艺术。保护区内民族节日有藏历年、跳神节、赛马会、箭友节、二月八、刀杆节、阔时节、祭龙节等节日，而节日正是一个民族文化的重要体现。

藏族少女

傈僳族妇女

傈僳族少女

彝族妇女

　　不论是古老的民族文化或是宗教文化，都与自然生态有着密切的联系。最早的宗教崇拜首先是对自然物的崇拜，对山的崇拜，对动物、植物的崇拜等图腾崇拜。"万物有灵"就充分表现出早期人类生态意识，这些朴实的生态观是在人与自然共生共存的历史长河中，相互交流，长期"对话"中总结出来的。优秀的民族传统文化为自然保护区工作提供了力量的源泉和发展的基础。

白马雪山及其周边地区人文资源内涵丰富，特别可贵的是这里的各个民族创造了自己独特的人与自然相互依存和相互适应的民族生态文化，为自然保护区提供了历史借鉴。

红坡寺

藏族民居

东竹林寺

格东跳神节

我们各少数民族绝大多数居住在深山，依托自然，在长期的生产、生活中，创造了丰富的民族传统文化。当地社区群众80%以上信仰藏传佛教，藏传佛教在该地区生物多样性保护中起着重要的作用，特别是活佛到社区宣讲"天人合一、崇尚自然"的伦理道德，对自然保护区工作起到了积极的促进作用。

藏文化中具有朴素的人地和谐的"人地观"。在藏语里"动物"一词具有"生命"和"留恋"两层意思，这就是我们对大自然倍加珍爱，养成了从不轻易伤害任何生命的传统习俗的根基所在。如在实际生活中不能杀生，必须对神山、神湖、水源林进行保护等。藏传佛教中，倡导不杀生，不伤害生灵，只要是活佛指定的神山，这座山的森林和野生动物就会成为神圣不可侵犯的，若有人破坏，就会激起大家的公愤。

白马雪山的原始生态之所以得到有效保护，成为人与自然和谐的滇金丝猴的乐园，这与该地区森林生态文化与宗教文化有着密切的关系。这些朴实的民俗民风，这种敬奉自然、珍惜生灵的生态伦理道德，维护了生态平衡，体现了人与自然的和谐。

知 识 卡 片

家园里部分少数民族的节日

民族	节日名称	主要活动内容	时间（农历）
藏族	藏民节/藏历年	赛马、野餐、跳锅庄	一月
	"花儿"会	对歌	六月十四日
	跳神会	祭祀、歌舞	藏历过年
	赛马会	赛马	五月五日
	箭友节	男子射箭比赛	二月
傈僳族	澡堂会	温泉沐浴、赛歌	一月二日
	阔时节	吃团圆饭、射弩比赛	一月一至十五日
	刀杆节	爬刀杆、下火海、丢包、歌舞	二月八日
彝族	火把节	耍火把、摔跤、斗牛、歌舞表演	六月二十四日
	插花节	插花、对歌	二月八日
	赛衣节	歌舞、服饰展演	三月二十八日
	虎节	跳虎笙、虎舞	一月八至十五日
白族	栽秧会	祭祀、栽秧、对歌	农历的芒种节
	火把节	树火把、赛龙舟、唱大本曲	六月二十五日
	本主节	祭祀、歌舞、洞经音乐	各村寨不同
	转山会	游山、歌舞	五月五日

傈僳族的传说

我国的傈僳族有一个关于祖先的神秘传说，每一个人，都虔诚地保存着这个传说，从不轻易告诉人——很久很久以前，傈僳族的祖先在大山里自由自在地生活。夏天以树林为舍，冬天以岩洞为居；夏天在树上跳来跳去，采摘嫩芽野果；冬天就下到地上，寻食根茎坚果。我们的祖先非常诚实善良，与周围的民族友善相处，常常邀请他们来山里做客，用竹鸡、竹笋等山珍款待客人，也把山外人不知食用的美味介绍给他们。一天，山外人请我们祖先做客，欺负我们祖先没见过铁器，让我们祖先在刚刚出炉的砍刀上落座，结果祖先的裤子被烧烂，屁股被烙红。屁股露在外面很难看，于是祖先就自己缝了一条白色短裤，双肩披黑色坎肩，变得更加美丽动人了……而这个故事讲的就是我们的近亲滇金丝猴。

这一传说，表明在维西傈僳族文化观念里，他们与滇金丝猴有着亲缘关系。而维西傈僳语称祖先为"介米"，父亲称"介米帕"，母亲称"介米嘛"。"介米"在傈僳语中就是猴子的意思，居住在维西的藏、彝、纳西、白等民族都知道，他们不能随便提及"介米"二字，否则就是对傈僳族祖先的不尊重，就是对傈僳族的污辱。自然，他们更不能猎杀被傈僳族视为祖先的滇金丝猴了。

1958年，一个公社办公共食堂，因缺粮一次就猎杀了100多只滇金丝猴作为食物，极大地伤害了傈僳族人民的感情。此后，在这里与傈僳族和睦相处的藏、彝、纳西等民族，也极为尊重傈僳族的习俗，闭口

滇金丝猴

不谈滇金丝猴的踪迹。1987年，国家林业部批准捕捉几只滇金丝猴做研究，就曾遭到当地傈僳族干部群众的强烈反对。这或许能够解

释近100年来为什么滇金丝猴若隐若现，最后还能够在云岭山脉的崇山峻岭中生存下来的原因——是民族文化在保护着这一美丽的濒危物种。

想一想
做一做

1. 家乡传统文化和习俗在环境保护中起到什么样的作用？请举例说明。

2. 用周末或节假日，在自己的村寨里访问年长的或宗教界的人士，了解家乡独特的传统文化和习俗，尤其是关于自己民族保护大自然的故事和习俗，同时做一段文字记录，介绍给自己身边的人。

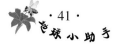
地球小助手

1.7 白马雪山自然保护区区歌《白马之恋》介绍

介绍歌曲的由来和创作，对青少年一代进行环境保护的教育。由白马雪山国家级自然保护区管理局、云南省林业厅保护办、迪庆电视台联合录制了中文和英文版的碟片《天地间有一座白马雪山——来自白马雪山国家级自然保护区的报告》以及区歌《白马之恋》。

歌词：

天地间有一座白马雪山，那是我守望的地方；

春来冰雪融化，鲜花开满山，夏日百鸟欢唱，那是生命的乐园。

风雪飘，天地白茫茫，我守望的热土，白马雪山；

风雪飘，天寒心犹热，跌倒在雪地的兄弟，你站起朝前走。

林中的小路上一串足迹，那是我巡山的日记；

夜来星月照梦乡，晨光化寒露，宿营炊烟袅袅，我的歌声响四方。

风雪飘，天地白茫茫，我守望的热土，白马雪山；

风雪飘，天寒心犹热，跌倒在雪地的兄弟，你站起朝前走，你站起朝前走。

活动：

在学校和村子里传唱《白马之恋》；为自己的家乡和学校创作以环境保护为主题的文艺、绘画和写作作品，在学校或村子里进行比赛。

2 白马雪山的精灵——滇金丝猴

2.1 滇金丝猴，我国的特有物种

1999年，昆明世界园艺博览会吉祥物选中了我国一种很少有人知道的国宝——滇金丝猴，并取名为"灵灵"。活泼可爱、憨态可掬、手持着鲜花的"灵灵"代表着好客的云南人民迎来了世界各地的朋友，体现了"人与自然和谐"的主题。从此，滇金丝猴的知名度急剧上升，成为了继大熊猫之后又一受到人们关注的珍稀野生动物。

每当人们一提起猴子，最先跳入人们脑海的往往是一副"雷公脸"，因为一般猴子或者任何一种不是人的灵长类动物的嘴部都向前突出。然而滇金丝猴的脸面却比较平，没有毛覆盖，呈肉色，白里透着红润，是最不具所谓"雷公脸"的猴子，也是世间所有动物中最为俊美、长得最像人的一张"脸"。在这张脸上，特别引人注目的是那美丽的红嘴唇，简直就是许多现代女性刻意追求的那种令人心动的红唇。它们体背的毛是灰黑色的，可是屁股周围的毛色却是白的，看上去就像穿上了白色的小短裤，模样乖巧可爱，性情活泼好动，再配上它那令很多女孩子羡慕不已的红色嘴唇，说它们是世间最美的动物一点都不过分。白马雪山的藏族老百姓称滇金丝猴为"帕追吾江秋"，意思是"人类的父亲"。它们还是村民们吉祥、幸福的象征。人们都很喜欢这些最像人的动物朋友，而且很少去伤害它们。

滇金丝猴

滇金丝猴只生活在我国金沙江和澜沧江之间云南省西北部和西藏的东南部与云南交界的地方，海拔在3 000~4 700米左右的冷杉、云杉、栎树和高山杜鹃林中，是除了人类以外居住海拔最高的灵长类动物。

滇金丝猴还是猴子家族中的大个子，体重可达三十来公斤，而且它们的生活行为很特别，一年到头都生活在冰川雪线附近的高山针叶林带中，即使是在冰天雪地的冬天，面对极度的寒冷和食物的极度贫乏，它们也不下到较低海拔地带来避寒和寻找食物，对农作物更是"秋毫无犯"。因此，它们成为了灵长类中居住海拔最高、最受人们喜爱的动物之一。

威严的大公猴

　　滇金丝猴也和我们人类一样是社会群居型动物，大家喜欢生活在一起，但又有各自相对独立的家庭生活。和我们人类不一样的是它们的家庭通常由一个猴爸爸、两到三个猴妈妈和几个半大或幼小的小猴组成。几十个这样的家庭在一起就组成了一个大的猴群社会。更加有趣的是它们的食物也具有地方风味的特点。在白马雪山保护区的北部，它们主要以松萝、地衣、苔藓和云杉、冷杉、黄背栎树的鲜枝嫩叶以及各种菌类为食物，在林下竹笋萌发的季节，也下地采食鲜嫩美味的竹笋；在保护区南部的猴群，主要吃阔叶树上的松萝、嫩叶、嫩芽、花芽和果实，还特别喜欢吃鲜嫩的竹叶和竹笋。

　　根据科学家的调查，我们云南省的西北部和西藏的东南部近2万多平

滇金丝猴

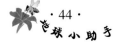

方公里的范围内，生活着13个滇金丝猴种群，其中有2个分布在西藏的芒康县境内，在我们家乡白马雪山就生活着8个种群，分别位于吾牙普牙、茨卡通、义勇、各么茸、安一、永安、塔城（响古箐）、塔城（格花箐）附近。根据科学家统计，现有滇金丝猴的总数大约2 000只左右。除了它们的数量已经很少以外，更让科学家们担忧的是，好几十年以来，随着滇西北地区人类活动的加剧，大规模砍伐原始森林、修筑山区公路等活动的不断发生，滇金丝猴自然种群几乎都被道路、农田和村庄分割开来，彼此之间处在相互隔离的状态，呈孤岛状分布。由于缺少森林和草甸架设的"陆桥"，种群间难以相互交往和进行基因交流。种群内近亲繁殖的情况充分表明它们已达到灭绝边缘，因为近亲繁殖会导致后代种群的数量和质量下降。科学分析表明：滇金丝猴的濒危程度已经超过了我国的另一"国宝"——大熊猫。因此，作为生活在白马雪山家园里的一员，我们更应该尽最大的努力来保护让我们倍感自豪的珍稀物种。

知识窗

滇金丝猴趣事

滇金丝猴不仅生有一张俊俏的脸庞，而且还十分注重保护它们美丽的容颜。根据科学家多年的研究发现，滇金丝猴还是动物界中在美容养颜和太阳能高效利用方面的"专家"。它们在采集食物、休息的时候总是背对着太阳。这样一是可以避免紫外线对脸部的直接照射，达到保护娇美容颜的目的；二是它们总是把长满黑色长毛的背部面向太阳，黑色的皮毛能够吸收更多的太阳热量，为滇金丝猴保存能量和消化像松萝、竹笋这样的粗纤维食物提供能量储备。为了保持面色的红润，它们宁可忍受难耐的严寒，常年居住在云雾缭绕的雪山之巅。大家不要小看云雾对皮肤的保养功能，那可比大城市里贵妇人们花钱做的熏蒸强多了。大家都说成都出美女，那是因为成都的空气湿润、雾多，常年阻隔了强烈紫外线照射的原因，这和滇金丝猴生活的环境十分相似。

和我们人类一样，滇金丝猴也有自己的语言，也有开心快乐、难过悲伤与生气发火的表情和动作表示。当它们发现主要食物松萝（当地人都叫它们"树胡子"）挂满树枝的时候，就会发出"嘎嘎"的欢呼声，召唤大家赶快来一起分享。美美地吃过一顿之后，它们就像顽皮

芭球小助手

幸福的一家

天天锻炼身体好

的孩子一样会在树上相互追逐嬉戏。当小猴子找不到妈妈的时候，就会和人一样表情忧伤，发出"喔喔"的哀哭声。一旦找到它的妈妈，猴妈妈会把猴宝宝抱在怀里，轻轻爱抚，很像人类的妈妈在说："小宝贝，不要害怕，妈妈在这里。"半大的雄性滇金丝猴也和我们人类的大小伙子一样喜欢在同龄与异性面前表现和炫耀，它们特别喜欢爬到很高、树枝很细的树冠上采食松萝和嫩芽，借此来吸引同伴、特别是年轻母猴的注意，这可是它们博得猴群中"年轻姑娘"们芳心的拿手把戏。（资料来自大自然保护协会龙勇诚老师）

执子之手，
与子偕老

心心相印

别惹我

会心的微笑

地球小助手

1. 滇金丝猴与我们人类有哪些相似之处？

2. 家园里的滇金丝猴正在面临着哪些生存威胁？

3. 观察，然后作文：仔细观察在你周围的动植物朋友，把你发现的有趣的事情以"趣闻/趣事"为题写下来，并和同学们一起分享。

2.2 人类认识和保护滇金丝猴的历程

19世纪60年代，在滇西北澜沧江和金沙江之间的崇山峻岭中，有人看到一种拖着长尾巴的黑猴子，当地人称它为"雪猴"。

1871年，当时在四川的法国传教士大卫（P. A. David）听到这个传闻后作了报道，法国人贝特（M. Biet）和山赖（R. P. Sanline）专程到德钦猎了7只滇金丝猴送到巴黎自然历史博物馆。后来法国学者阿方斯·米恩—爱德华（Alphonse Milne-Edward）在同一年正式以采集者的姓"贝特"（Biet）将它命名为一个新物种。

寻找滇金丝猴

由于滇金丝猴分布于人迹罕至的高山寒冷地带的滇西北，交通闭塞，近百年来难以对其进行调查研究，以至销声匿迹，甚至有人怀疑这个珍稀的物种可能已经灭绝。1959~1960年，中国科学院组织了南水北调综合考察队对四川西部和云南西北部进行科学考察，中国科学院昆明动物研究所彭鸿绶（shòu）教授在德钦阿东河皮毛收购站发现了8张大小不等的滇金丝猴皮，证实了这一物种可能还有残存。

1979年，中国科学院昆明动物研究所李致祥、王应详、马世来等科学

专家留影

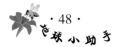

家专程前往德钦地区，进行滇金丝猴调查，再次发现这一物种并对它们的栖息环境、种群结构和食性进行了初步观察。

我国政府在1977年把滇金丝猴列为国家一类重点保护动物，并于1983年建立了专门保护它们的白马雪山自然保护区。之后保护区的工作人员开展了极有成效的保护工作，为滇金丝猴的有效保护和科学研究创造了良好条件。白马雪山也从此成为了滇金丝猴生活的乐园。

1987年至今，昆明动物研究所研究员龙勇诚等科学家开始踏上了艰难而漫长的探访滇金丝猴之旅。在我国其他科研工作者工作的基础上，龙勇诚等科学家终于完成了对滇金丝猴的保护生态学研究，发表了一系列具有极高价值的学术论著。这些研究揭开了滇金丝猴的神秘面纱，使人类第一次真正掌握了这一物种的基本地理分布和种群数量，特别是对其生态行为有了进一步认识，对如何有效保护滇金丝猴提出了宝贵的对策和建议。

故事会

滇金丝猴的守护神——余建华

情系林海　衷心护猴
——记白马雪山自然保护区维西分局塔城管理所护林员余建华

余建华是白马雪山自然保护区维西分局塔城管理所的一名护林员，中等个头，精瘦身材，平常相貌。如果你没有机会与他接触和了解，你或许认为他是一名典型的农村汉子。然而，他留给我们的第一印象是他那再平常不过而又和善的笑脸，他总是这样，见人都微笑着，给人一种亲近感。

余建华现年54岁，傈僳族，家住维西县塔城镇塔城村委会响古箐中组。响古箐因分布着世界上种群数量最大、与人最为亲近的一群滇金丝猴而出名，他的故事也从保护滇金丝猴开始。1998年2月，他被聘为保护区护林员，也是该村的第一位护林员。他是护林员队伍中年龄最大、保护滇金丝猴时间最长、野外巡护经验最丰富、野外识别能力最强、与猴感情最深的人。

响古箐繁衍、栖息着滇金丝猴数量庞大的种群，又是夏季放牧的集散地，人员活动频繁，因此，护猴任务很繁重。在巡护中，主要是保护和管理好森林资源，预防和扑救森林火灾，制止偷猎和盗伐林木，跟踪监测猴群，掌握猴群的动向。此外，在科研机构从事滇金丝猴的

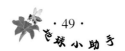

余建华和余中华父子　　　几位像余建华一样的滇金丝猴守护神

基础研究、新闻媒体拍摄滇金丝猴、保护区的项目活动中，他又是向导、助手、参与者。而他的巡护补助低微，不到200元。尽管如此，他依然默默守护着滇金丝猴，这就是他崇高的职业道德。

1999年2月，他巡山护猴到响古箐艾甲突（海拔3 400米），发现两只未满一周岁的受了伤的幼猴，但猴群已经走远了。或许是猛兽袭击，或许是猴群迁徙途中被干扰而遗弃。如果不及时救护两只幼猴，不是饥寒致死，就是被野兽吞食。当时有人建议挖坑埋掉了事，而老余的第一反应则是不能这样做，应尽力救护幼猴。当时，在响古箐做研究的丁伟博士也赞成老余的观点。他把两只幼猴抱回家中，犹如呵护婴儿般照料幼猴。并且迅速与塔城乡人民政府、县林业局取得联系，及时把幼猴送到塔城医院进行抢救。由于受救护条件的制约，当晚星夜兼程把两只幼猴送达昆明动物园进行抢救，出现了千里送猴救猴的感人场面。由此提高了'99昆明世界园艺博览会吉祥物——"灵灵"的感染力。

响古箐山高坡陡，含石量高，保水能力低，沟壑溪水仅在夏天流淌。虽然滇金丝猴取食多汁植物的枝叶，但每隔3~4天都需要到水源处喝水补充。冬季，滇金丝猴寻找水源，需要往返迁移十几公里。寻找水源的过程对滇金丝猴的繁衍、栖息构成了威胁。为了排除猴群饮水困难的障碍，他带领其余护林员，背上工具和干粮，冒着严寒，翻山越岭寻找水源，经过他们的艰苦努力，在该猴群活动区域内挖、砌了5个饮水池，为滇金丝猴提供了充足的水源。

2005年5月底，他像往常一样上山巡护，到达布该腊卡时，忽然听到竹林里猴群的惊叫声。他急忙循声跑去，只见一只大公猴被钢丝扣

地球小助手

牢牢套住了脖子，随时都有窒息而死的危险。他叫来另外一位工作人员余志光，稳住大公猴，砍断固定钢丝扣的竹丛，解开扣子，放大公猴回归猴群。

2007年5月中旬，保护区管理局在响古箐开展了滇金丝猴食物结构和食性调查研究，他作为向导参与到研究课题中来。在调查过程中，大家都惊叹于他超强的记忆力和敏锐的观察力，对滇金丝猴取食的植物（傈僳语）记得那么清楚，能掌握滇金丝猴食物的形态特征，熟悉猴子取食植物的准确部位，就连专门从事滇金丝猴研究和保护的技术人员也自叹不如，都纷纷称赞他为"土专家"。

想一想
做一做

在村子里收集有关滇金丝猴或其他野生动植物的传说、故事等，到学校讲给同学们听，看看谁收集的故事更有趣！

地球小助手

2.3 滇金丝猴的远房亲戚

金丝猴属于脊椎动物，是我国的"国宝"之一，属国家一级保护动物，是世界级珍稀物种。它有四个种，除了滇金丝猴之外在中国还有川金丝猴、黔金丝猴两种，在越南还有一种叫越南金丝猴。现在，就让我们来认识一下滇金丝猴的其他三种远房亲戚。

黔金丝猴分布于贵州梵净山区，其数量十分稀少，是国家一类保护动物。脸部灰白或浅蓝。头顶前部毛呈金黄色，至脑后逐渐变为灰白，毛尖黑色。耳朵边缘的毛呈白色，背部灰褐色。两肩之间有一白色块斑，

滇金丝猴

毛长达16厘米。上肢的肩部外侧至手背，由浅灰褐色逐渐变为黑色，下肢毛色变化与上肢相同。因尾巴又黑又细，相当于它们的身长，跟牛尾巴一样，所以当地的老乡称它们为"牛尾猴"。最为特别的是有的黔金丝猴不仅肩上带两块白斑，而且身上多处出现白斑。这样的黔金丝猴被当地老乡叫做"花猴"。

黔金丝猴生活在贵州梵净山区海拔1 700米以上的山地阔叶林中，主要在树上活动，结群生活，有季节性分群与合群现象。以多种植物的叶、芽、花、果及树皮为食。黔金丝猴分布范围十分狭窄，现已建立梵净山自然保护区，对其栖息环境进行保护。

经过科学家十多年的野外调查，目前存活的黔金丝猴数量仅为750只左右，这个结果表明黔金丝猴家族急需

黔金丝猴

人类加以重点保护，否则也许再过几十年，我们的子孙将再也无法看到这些神奇的精灵。

川金丝猴

川金丝猴的体形较大，头圆、耳短，眼睛为深褐色，嘴唇厚，吻部肥大，嘴角处有瘤状突起，并且随着年龄的增长而变大和变硬。两颊和额正中的毛都向脸的中央伸展，露出两个凹陷的天蓝色眼圈和一个突出的天蓝色吻圈。川金丝猴脸部天蓝色，头顶的正中有一片向后越来越长的黑褐色毛冠，两耳长在乳黄色的毛丛里，一圈橘黄色的针毛衬托着棕红色的面颊，胸腹部为淡黄色或白色，臀部为灰蓝色。从颈部开始，整个后背和前肢上部都披着金黄色的长毛，细亮如丝，色泽向体背逐渐变深，最长的达50多厘米，在阳光的照耀下金光闪闪。在四种金丝猴中川金丝猴的毛色最为美丽。

川金丝猴栖息在海拔2 000~3 000米之间的针阔混交林带，群居，以野果、嫩枝芽、树叶等为食。川金丝猴主要分布在中国四川、甘肃、陕西及湖北神农架山区，总数不超过1.5万只。

越南金丝猴也叫东京仰鼻猴，是唯一一种在中国以外分布的金丝猴。越南金丝猴的体形较小，胸部腹部为黑色，四肢内侧浅黄色。越南金丝猴仅分布于越南北部宣光省和北太省之间石灰岩山地的低海拔亚热带雨林中。目前的研究表明，现存数量很少，约有4个种群，总数约250只。越南金丝猴以植物为食，食物随季节而变化。有关它们生活习性的资料很少，所以非常遗憾不能为大家作更详细的介绍。

长期以来，滥捕滥杀是金丝猴濒危的主要威胁之一。同时，森林采伐破坏了它们赖以生存的栖息环境，造成分布不连续，生活栖息地范围不断缩小，最终导致濒危。其次是毁林开荒、林中放牧，缩小了它们的生境。加之旅游开发、道路修建等隔离了不同种群之间的相互往来，阻断了相互间的基因交流。

作为生活在白马雪山家园的一员，我们应该为家园有珍稀和宝贵的滇金丝猴而深感骄傲和自豪，同时，我们更应该为保护这些精灵及其家园——森林资源而做出自己的一份努力。

地球小助手

想一想
做一做

1. 滇金丝猴生活在＿＿＿＿＿＿；黔金丝猴生活在＿＿＿＿＿＿；川金丝猴生活在＿＿＿＿＿＿；越南金丝猴生活在＿＿＿＿＿＿。

2. 请简要描述生活在中国的三种金丝猴的外貌特征。

地球小助手

话剧表演

生物法庭

活动目的：让同学们深入体会大家园中野生生物们的生存状况，从而明白保护家园生物多样性的迫切性和必要性。

活动准备：认真学习本节内容，融入生物们的现实状况，为角色扮演做好情感铺垫。找好各个角色的扮演者，分别熟记台词，由一个同学朗读画外音。

活动方式：排练后可以在班内、校内或村里的相关文艺活动中进行演出。

（画外音）很久以前，生活在白马雪山大家园里的野生动植物和人类是很要好的朋友，他们毗邻而居，和睦共处，共同享用着大自然赠送的礼物——白马雪山大家园里的各种资源……

可是后来，人类的数量渐渐多了起来，而且越来越多，新开垦的田地连成了片，新建的房子站到了山坡上，砍伐森林的人多了，运木料的车辆来来往往……就这样，大山里的树木少了，河流变小了，野生动植物的家园变小了，食物越来越少……

终于，野生动植物朋友开始觉醒，在20世纪的最后一天，它们来到一座寺庙前面召开了一场控诉人类破坏环境的大会。

金沙江的鱼王代表水族生物们最先跳出水面非常气愤地说："无论如何，我们生活在江里的朋友对人类可是有百益而无一害，我们也没去招谁惹谁。可是，最近这十几年，捕捞我们的网越来越细，鱼子鱼孙、虾兵蟹将不管大大小小全都遭了殃。这还不算，可恨的是，我们水族的人口少了，我们的身价也翻了几十番，唯利是图的人类竟然用电瓶做成的捕杀机器来捕杀我们。那东西，一旦碰上，非死即伤啊！歹毒的人类！最灭绝人性的就是在江的两边建了一些工厂：有开矿、洗矿、炼矿的，有造纸的。他们把有毒、有害的废水、废渣全都倒进江里，可怜啊，我们水族，只见江底白骨成片……"鱼王捶胸顿足，泣不成声。其它动植物朋友听了也是泪流满面。

（画外音）就在这时，一位满头白发的老农气冲冲地跑来，一上来就要和黑熊拼命。原来，前些天扎西老汉的儿子上山去找羊的时候和正在吃羊的黑熊一家狭路相逢，被黑熊抓伤了，现在还躺在医院里。扎西老汉听说所有的野生动植物将在这里召开会议就跑来了。明白了扎西老汉来意的黑熊急忙躲到了一边，耷拉下了大脑袋，嘟哝着说："那天我也是没办法呀，我们都好几天没找到吃的了，实在是饿得受不了了才抓了一只跑到我们家里来的羊，刚刚得手，那个壮汉就拿着棍子来抢，我为了保住小熊们一口吃的，不得已才抓了他一把"。听到这里，扎西老汉更加激愤："都伤了人了，你还有理？我跟你拼了……"扎西老汉的话一出口立刻引起了众生物们的强烈抗议和公愤："伤人怎么了，你们人类残杀了我们多少同胞？""对！都是你们人类，我们都快亡族灭种了！"

一看势头不对，站在台上作为法官的滇金丝猴终于发话了："别恼，安静，安静！"滇金丝猴法官扯着嗓子大声说："既然大家都一致控诉人类的罪行，我们不妨来问问人类知不知罪。老头，你们人类是不是在长江岸边建了一些工厂，把废水、废渣都倒进江里害死了很多水族同胞？""都快断子绝孙了！"鱼王补充道。扎西老汉沉重地点了点头。"我再问你，你们人类是不是开了很多田地，修了很多道路，砍了很多树木，放了很多牛羊到草场，强占了我们野生生物的大片家园！"听到这些，扎西老汉惭愧地低下了头。可是一提到人类的不良行为，生物们就很气愤，纷纷控诉和指责人类的不是：

"人类分割我们的家园，以乡村为基点，以道路为锁链对我们进行大围剿和大扫荡！"刁钻的金钱豹横眉冷对扎西老汉，它挥舞着锋利的爪子，狠狠地说，"我们应该惩罚人类！"

"他们不分大小老幼整座山整座山地砍伐我们，不管大小老少全部挖完菌类和野生药材，我们植物中的一些兄弟姐妹已经遭到了灭顶之灾，我们应该报复人类！"红豆杉老爷爷咬牙切齿地说。

……

扎西老汉耷拉着的头垂得更低了。这时法官滇金丝猴敲响了惊堂木："肃静！请人类代表作最后的申诉。"

想起正在砍树建房准备娶亲，而现在躺在医院的大儿子，在矿石场打工的二儿子，做木材生意的老三，还有正利用假期采松茸和挖药材凑学费的老四、老五，扎西老汉惭愧中透出几分无奈，叹着气说："我们人类确实太过分了，以前我们上了年纪的这一辈人不是像现在这样胡来的，唉！都怪我们这一辈人多生了孩子，我们人口太多了，每一家人都要生活，这必然需要比以前多几倍的房子、田地、牛羊、食物和钱。我们也不是非要来破坏你们的家园，来捕杀和砍伐你们，只是我们这么多人都要生存呀……其实，我们也认识到了自身对大自然母亲的破坏，也颁布了很多的法律来保护我们共同的家园，希望我们选择更加环保，能够实现世世代代都过得好的方式来生活。可是，我们当中的很多人还没有跳出眼前利益的迷惑，看得不够远呀！我们人类应该反省，应该改变这种只顾眼前的生活，谋求一种和谐的，可以世世代代不断延续和发展的方式。还有我们住在山里和坝子里的本地人其实都十分不情愿让外面的人来砍树、开矿等等，只是为了生计不得已才参与这些事情。我们守护着家园里的森林和你们这些宝贵的朋友，为住在江河中下游的人们，乃至全世界的人们提供宝贵的水源、清新的空气、珍贵的物种、美丽的风景……现在这些情况都是外面的人给闹的，你看这几年的松茸、药材和珍贵的木材还不都是外国人和山外面的人要吃要用。吃的人多了，价格就飞涨，当地人见钱眼开，别说童茸，就连遭了虫害卖不到钱的都一股脑儿采了，还恨不得把整个菌塘翻个底朝天。外面的人可不管你以后有没有得采。数量少了，

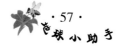

买的、吃的反倒越来越多，他们就只管抬高价格。前几年天然林禁伐了，野生动植物也受到保护了，原本我们巴望着可以靠松茸、野生药材等拿回点收入，可才三五年的光景，松茸都快采光了。我们的生活可是过着倒回去了。国家说要补偿我们，可是那点补贴怎么够呀！外面吃松茸、买名贵木材的人并没有因为这些而来关注我们的贫苦生活。外面的人只知道我们这儿的虫草补身，可不知道我们这儿乡亲们的生活也需要补贴呀。"

（画外音）听着扎西老汉的诉苦，大家渐渐地平静了下来。的确，住在白马雪山大家园里的人们也有苦衷呀！只见滇金丝猴法官的眼睛骨碌一转："有了，我们应该让更多的人知道我们家园的贡献和处境，争取更多的人来关注和支持我们白马雪山大家庭，只有这样我们才有出路！因为我们同在一片蓝天下，我们共住一个家！"

就在这时，喜鹊从远处飞来叫嚷着："大家快来看，国家在我们白马雪山建立了自然保护区，听说是专门为了保护我们野生动植物的。"

"太好了，走，看看去！"滇金丝猴法官最先跳了起来。大家手牵手，哼着："我们同住一个家，我们同在蓝天下，伸出你的手、我的手，把所有美丽还给自然……"一起朝着白马雪山保护区管理局走来，大家想看看人类为了保护白马雪山大家园都做了些什么。

想一想
做一做

1. 用课余时间，编排、充实和表演话剧《生物法庭》，争取在学校的活动上演出，并组织评比活动。

2. 请仔细想一想，为什么这么多的生物都对人类表示了强烈的谴责和愤恨？

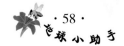

了解野生动物的习性，避免人与动物的冲突。

俗话说"靠山吃山"，生活在群山环绕的白马雪山，我们平时少不了上山打柴，放牛放马，采集药材、松茸，还有走亲访友等。森林除了慷慨地为我们人类提供所需的各种自然资源以外，它也是野生动物们繁衍生息的家，而我们就是野生动物的邻居。作为人类，我们不应有意识地去伤害野生动物，因为动物是人类风雨同舟的伴侣，它们为人类增添了无尽的惊险、喧闹、温情和乐趣，为人类作出过巨大的贡献，而且

棕　熊

它们与我们共有一个家园。但是在一个大家园里生产活动难免有些意外发生，比如在半山腰的农田被熊糟蹋得乱七八糟，或者早上放出去的牛、羊突然失踪了，我们在去寻找牛、羊的途中与老熊狭路相逢，怎么办呢？就让我们学习一些有关熊和其它一些动物的知识，掌握防范与熊等危险动物冲突的技能。

生活在我们家园的熊大都是亚洲黑熊和棕熊，每年伤害人和家畜的通常都是黑熊。黑熊因为胸部有白色月牙形或圆形斑纹，又叫月牙熊，健康成年黑熊一般高140~165厘米（比一般成年人稍矮），重90~115公斤（有一般成年人的两倍重）。大型雄性黑熊体重可达181公斤。雄性体型大于雌性。黑熊和棕熊都是杂食动物，主要吃植物的嫩芽、水果、腐肉、昆虫、蜂蜜、鸟类和其它小型动物，有时也吃家畜或农作物。都擅长爬树，还是游泳的好手。虽然一般是四足行走，但也能够用后腿直立以获取食物或打架。

熊和其它动物伤害人和家畜的原因：

◎由于它们以前生活的森林被砍伐，它们生活的地方越来越小，没别的地方去了，吃的也越来越少，就跑到我们人

黑　熊

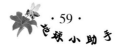

类活动的地盘上来了；

◎以前没有这么多人口，现在的人口比以前多了许多，结果为了获取更多的生活资料，以前长有树的地方，现在变成了田地，我们也需要把更多的牲畜放到很远的森林里，是我们闯入了野生动物们的领地，惹怒了它们；

◎一般情况下，野生动物本身是怕人的，实际上，人是它们最大的天敌，但如果人突然出现在它们的食物（它获取的猎物）旁边时，它以为人来抢它的食物，所以出于保护食物的目的，熊就会攻击人；

◎还有，有的动物带了幼崽在身边，如果突然碰到人，也会发起攻击，因为它以为人会伤害它们的孩子。

那么，我们应该怎样来避免与熊和其他动物的正面冲突，避免造成人身伤害呢？

◆学习与熊和其他凶猛动物有关的知识，了解它们的活动范围和时间，随时提高警惕；

◆尽量避免与它正面冲突，在山里活动的时候，要发出响声，尽量让这些动物知道你的存在；

◆结伴进入山林，不要单独行走。条件允许，带上防熊和防其它动物的工具，例如辣椒喷雾剂等，有时候可以挂一个比较响的铃铛；

◆与凶猛的野生动物相距较近时，不要拔腿就跑，这样容易激起它们的攻击性；与它们对视，可以大声和它说话，然后看着它们慢慢后退；

◆不要把食物（如浆果和死亡的牲畜或其内脏等）放在它们出没的地方，特别是在熊的栖息地附近；野营时的食物用密封袋密封好，避免被熊等动物发现。

如何避免熊等动物对庄稼和牲畜造成伤害？

★牲畜尽量圈养或在村庄附近放牧，不要把牲畜放到它们出没的地方；

★不要在它们出没的地方种植它们喜欢吃的农作物，比如玉米；

★国外有些地方还用高音喇叭等来驱赶熊和其它动物；

★我们只有不断探索大自然的奥妙，才能真正理解大自然的规律，然后去合理地向大自然获得我们需要的资源，那样才能真正实现人与自然的和谐。

1. 我们怎样才能避免与熊发生正面冲突？

2. 我们家园里还发生过哪些野生动物与人类的冲突？我们应该怎样来避免？

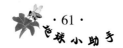

3 为了更美好的明天（选择，思考未来）

3.1 环境保护发展简史

1962年，美国海洋学家雷切尔·卡逊出版了一本名叫《寂静的春天》的书，揭露了农药、化肥等化学品对土壤环境、植物和人类造成的极大危害。书中提出的"环境保护"的思想和观念，被实践证明是正确的，这本书最早唤醒了人类环境保护的意识，激励了全球民间各种环境保护组织的成立。1970年4月22日，美国的环境保护者、社会名流、大中小学

《寂静的春天》

生等2 000万人自发地组织了一场空前的环保活动。此后，每年的4月22日被定为"世界地球日"。

地球会议

后来，英国的戈德·斯密斯编写的《生存的蓝图》、罗马俱乐部编写的《增长的极限》两本反映人类生存和环境冲突问题的书，深刻揭露了世界环境危机的严重性，引起了各国政府的关注。1972年6月5~16日，在瑞典首都斯德哥尔摩召开了有113个国家参加的联合国第一次人类环境会议，中国政府也派出代表参加了这次大会。会议提出了"只有一个地球"的口号，并通过了著名的《人类环境宣言》。同年，第27届联合国代表大会确定每年6月5日为"世界环境日"。

通过以上内容的学习，大家知道了"世界地球日"和"世界环境日"的由来。可是，大家知不知道在世界上和中国还有哪些重要的环保节日呢？接下来就让我们认识更多的重要的环保节日吧！

地球小助手

认识更多的环保节日，为更多更好地宣传做准备

3月2日： 国际湿地日

3月12日：中国植树节

3月21日：世界森林日

3月22日：世界水日

3月23日：世界气象日

4月22日：世界地球日

5月22日：国际生物多样性日

5月31日：世界无烟日

6月5日： 世界环境日

6月11日：中国人口日（全国将会组织各种活动来宣传"计划生育"，控制人口数量，提高人口质量等国家政策）

6月17日：世界防治荒漠化和干旱日

7月11日：世界人口日

9月7日： 世界旅游日

9月16日：国际保护臭氧层日

10月4日：世界动物日

10月16日：世界粮食日

注：建议对每个环保节日的主题和内容加以说明。

"不是去等未来所要发生的，而是我们需要去做些什么。"

——乔治·路易斯·博吉斯（作家）

3.2　社区可持续发展

在保护区刚成立时，村民们十分不理解，祖祖辈辈的生活方式被说成是不合理、不正确的方式，变成了违法活动，任谁也不能理解这是怎么回事。

村民们抱怨说，保护区划了范围，刚开垦出来的地要求退耕还林；本来大家收入就不多，老熊还来糟蹋粮食；不准上山捕猎，把猎枪、铁丝扣都收缴了，山坡上种的那些地收成又不好，真是令人发愁啊！砍树盖房子该是天经地义的吧，现在却这儿也不让砍，那儿也不让砍，砍了有些地方的树还变成了违法犯罪，还要被罚款，简直就是乱套了！找管理局的工作人员，他们也有理，建了保护区，国家就是这样规定的，我们是按照国家的法律来办事的。结果看到保护区的人来村子里，村民就会说："人你们抓了，钱也罚了，你们还要来做什么？"

经过保护区工作人员的反思，造成这些情况的原因还是保护工作的开展断了社区老百姓从打猎、砍柴、砍木料中获取经济收入的来源，使社区老百姓的生活水平有所下降，导致了老百姓生计和发展需要与保护工作之间的矛盾突出。如何解决这一问题，实现社区经济的可持续发展成了当务之急。

那么保护区的保护工作者又是怎样来解决这些难题的呢？下面就让我们一起来学习保护区为了实现社区可持续发展而开展的社区自然资源共管、替代能源、生态旅游、替代种植四大项目吧！

知识课堂

什么是可持续发展？

可持续发展（Sustainable Development）是20世纪80年代提出的一个新概念。

可持续发展是指"既满足当代人的需求，又不危害后代人满足其需求的发展"。换句话说，就是指经济、社会、资源和环境保护协调发展，它们是一个密不可分的系统，既要达

到发展经济的目的，又要保护好人类赖以生存的大气、淡水、海洋、土地和森林等自然资源与环境，使子孙后代能够永续发展。

可持续发展与环境保护既有联系，又有区别。环境保护是可持续发展的重要方面。可持续发展的核心是发展，但要求在严格控制人口、提高人口素质和保护环境、资源永续利用的前提下进行经济和社会的发展。可持续发展理论的核心是经济增长与生态保护保持同步进行，发展经济不以牺牲环境为代价。它是世界各国普遍认同的一种发展战略，也是人类发展的共同目标。

想一想
做一做

学习可持续发展的概念，对家人或村子里面的人宣传这一理念，并和他们一起讨论家乡在发展过程中存在的一个问题及解决的办法。

3.2.1 社区自然资源公共管理

　　2003年以来，白马雪山自然保护区在格化箐和此独顶两个村发动当地村民建立了社区自然资源共管机制，在保护区工作人员的帮助下得到了有效运行。村民选出了自己的管理委员会成员，由管理委员会组织社区村民分析自己村社当前对自然资源利用的状况，社区经济发展的主要需求、主要制约因素、主要机遇等，根据各村的实际情况初步确定了村社可持续发展所面临问题的解决办法，制定了《社区自然资源共同管理计划》和《社区森林资源管理办法》，同时在此基础上签订《自然资源共同管理协议》，明确村民管理委员会和其他村民在资源保护和合理利用方面的责任与义务。

社区管理人员培训　　　此独顶社共管协议　　　社区参与

　　保护区帮助当地村子开展社区共管活动的主要切入点就是解决村民的替代性生计问题，缓解保护工作与社区经济可持续发展之间的矛盾。社区自然资源共管委员会成立之后，在白马雪山自然保护区的大力支持和帮助下，又为两个村子举办了农作物种植和兽医培训，帮助村民因地制宜地发展经济林木、科学种植，推广粮食新品种和良种牦牛、种猪，还为村民提供饲料加工设备等。

种植培训

　　开展社区共管活动一段时间后，两个社区主动把部

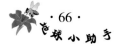

分集体山林让出来，进行封山育林。在此独顶社，由当地妇女兴趣小组组成的森林巡护队定期对村子周围的保护区进行巡山护林，通过保护区组织的培训，现在她们已经能够用简易的文字和图标做巡山日记。村民自发组织的巡护队每月巡山3次，使这两村

此独顶社

连续4年无偷猎和盗伐的事件发生。村子也从与保护区对立的村庄，成为保护区的合作伙伴以及保护区开展社区自然资源共同管理的培训基地。更加可喜的是，保护区及其周边的其他村社都以他们为榜样，纷纷来这里学习和交流经验。

知识窗

林副产品的可持续采集——社区共管的典型模式

采集林副产品是我们大家园及其周边社区群众利用保护区资源的另一个重要方面，是我们社区居民的主要经济来源之一，占社区经济总收入的50%以上。家里小孩的衣服、学习费用和家庭日常开支都指望着它们。采集的林副产品主要为松茸、羊肚菌等野生菌类和虫草、贝母、天麻等名贵中药材。但是，由于长期不科学、不合理的采集，林副产品的产量呈逐步下降的趋势，不仅

松茸采集

书松松茸交易市场

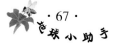
地球小助手

对生物多样性保护产生了负面影响，而且在天然林禁伐和野生动物禁猎之后导致村民们的经济收入和生活水平大幅度下降。

为了帮助当地老百姓改变不科学、不合理的林副产品采集方式，实现自然资源的可持续利用，有效保护大家园的生物多样性，保护区开展了一系列自然资源共管的培训和示范指导，最典型的就是松茸资源的共管。

因为发动当地社区共同参与松茸共管：

1. 能让当地老百姓认识到自然资源（松茸）社区共管在社区可持续发展中的意义（生态、环境、经济意义等）。

2. 各村委会、村民小组可以根据自己的特点，制定相应的资源共管办法，切合实际，可操作性强，并通过利用集体的力量来克服困难和解决问题。

3. 可以通过共管委员会学习到一些有用的自然知识，如有关松茸菌的科学正确的采集，保护菌塘，科学的简单加工和保存、运输等知识和方法。

4. 可以充分及时地了解市场行情，组织老板把松茸交到省内外有名的公司，形成订单供应，这样可以把家乡的松茸品牌打出去，还能稳定和提高松茸的市场价格，让大家卖到好价钱，得到更多的实惠。

5. 通过村民自治的形式，采集和市场的管理将会比较规范，能节约生产时间，提高劳动效率；建立了比较规范的市场和市场秩序，群众自觉遵守制度，老板和群众能按时交易；节约了交易时间，增加了农民收入。

6. 通过总结对松茸的共管经验，结合自己村社的情况，尝试提出对其他自然资源（旅游资源、森林资源、水源和其他的林副产品等）实施共同管理的模式，维护大家的共同利益；将来我们可以对杂菌如牛肝菌等进行加工，甚至可以深加工，以提高其价格，从而增加我们的经济收入。

实现家乡松茸菌可持续采集的办法有：

1. 封山育茸

封山育茸是保证松茸生长发育所需生态环境最基本的内容之一。在封山区严格实行禁伐、禁猎、禁牧、禁火等措施。结合国家正在实施的天然林资源保护工程，发动群众制定相关的规章制度，采取合理的保护与利用措施，既能保护森林，又保护了林下的松茸，还可以获

得丰厚的经济回报，一举两得。

2. 对松茸资源精心管护

松茸的管护包括对森林和松茸的管护，保持林地中的枯落叶物有一定的厚度，清除林地上过多过厚的杂草和灌木；保证林地中的菌塘不受破坏，不用铁钩、锄头等扒、挖松茸，主张使用小型竹木工具轻轻挖出6厘米以上的大菌，不深翻松茸菌塘，采集了松茸之后自觉地把腐殖质和松毛盖好。

3. 保留部分开伞松茸

必须在一定范围内保留3~4个松茸让它自然开伞，让它们自然落下担孢子（相当于植物的种子）。禁止采集5厘米以下的小松茸；保留那些因病、虫、鸟害而没有经济价值的松茸。

松 茸

松茸监测

想一想
做一做

1. 学习以上自然资源共管的制度和可持续利用的方法，把这些知识传播给你的家人、邻居和朋友。

2. 想一想家乡还有哪些自然资源可以采用以上共同管理方法来实现可持续发展？

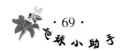
地球小助手

3.2.2　替代能源

学习了《森林共管制度》之后，人们自觉地减少了砍伐，但我们目前的生活离不开木材，拿什么来做栅栏、房头板，烧火做饭、热水、煮牲畜们的饲料呢？原来，在保护区的帮助下，大家园里面的很多村社已经实施了很有成效的替代能源项目。

铁丝网围栏

传统的木头房头板

水泥房头板

2003年以来，在实施能源示范项目中，推广节柴灶80个、太阳能热水器300套、胶管替代木引水槽3 000米、供水池7个。这些实质性的工作改善了村民的生活，也点燃了村民参与森林资源保护的热情。

2006年，在德钦县霞若乡四卡社、吾斯布顶社、里底玛社和维西县塔城镇柯公社、史跨底社安装了太阳能热水器共122台，这样大家就能经常洗上一个舒服的热水澡了，而且还不消耗任何资源，仅仅利用免费的太阳光能就行了。

把社区发展和自然保护区管理有机地结合起来是十分重要的，比如在社区开展修建水利、道路、桥梁，推广太阳能、节柴灶，用水泥板代替木头房头板、用铁丝网代替木栅栏，推广科学种田和科学养殖，开展松茸资源可持续管理培训等。

由于保护区正视社区群众的现实困难，力所能及地寻求解决问题的渠道和方法，探索社区与保护区共同发展的新思路，社区群众与自然保护区管理局的合作、协作关系得到加强。反过来，社区经济不断

发展，村民自己的小家园里的生活得到改善后，大家才会有热情参加白马雪山大家园的建设。按照尼玛大叔的说法就是："谁饿着肚子还会有心思管其他的事情？现在生活慢慢变好了，谁又不想越来越好呢？生活好了，当然愿意为自己家乡做点事！"

知识窗

使用节柴炉灶、沼气池、太阳能等节能设施

生活在大家园里的老百姓家里一般都会存放着一大垛柴火，每年一到冬春季节，大家都得结伴进山去砍柴，好长时间才能够砍到一垛，勉强够一家人烧水、做饭、烤火、煮猪食等等；一天天一年年，能砍的柴火越来越少，砍柴的地方离自己家越来越远，而且砍柴这样的活计让家里人特别是妇女越来越辛苦。另外，长期在烟熏火燎的厨房里操持家务会影响妇女的身体健康，特别是对眼睛、肺等都有很不好的影响，然而一日三餐和取暖的柴火却是不能没有的，大家都很担心。

节柴火塘

太阳能

为了提高薪柴的燃烧效率，减少农户薪柴采集对森林植被的大量消耗，政府的农村能源工作站早在20世纪八九十年代就开始推广节柴炉灶、沼气池等节能设施了。白马雪山保护区替代能源项目也正是为了这个宗旨，与政府农村能源工作站一起，为农户替代能源建设提供资金和技术支持。几年间已在白马雪山大家园的乡村小学、农户家里安装了节柴炉灶、沼气池、塑料大棚、大棚养猪、卫生间（简称四合一沼气）、太阳能热

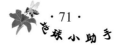

水器及洗澡间等节能设施。

　　所以，为了有效保护大家园里的森林资源我们可以：

沼气池

　　1. 把家里的老虎灶改装成节柴灶，或把传统的藏式火塘稍作改造，变成节柴火塘，还可以使用节柴炉子；不用花太多钱，但好处是可以让柴火燃烧得更充分，并节省一定量的柴火，还能减少烟子呢！

　　2. 有条件的家庭，可以建个沼气池，相信有些农户家里已经建好了！沼气池的工作原理很简单：把人畜粪便放入沼气池，经过一定时间的发酵，就会产生沼气（学名甲烷），用管道把沼气引入厨房，和沼气灶与沼气饭煲连接，厨房里的气压表上会显示池子里积累了多少公斤沼气，你只需把开关打开，就可以很安全、方便地做饭了！哪怕是你在农田里忙，中午没空给放学回来的孩子做饭，小孩也可以自己操作！沼气池建好后，可不能不管它，每隔几天投点料，每几个星期把废料清理出来，说是废料，其实这些沼液和沼渣是很好的农家有机肥，不仅能提高农作物的产量，还能改良土壤，沼气池里的沼液还是蔬菜、果树等农作物的好营养品呢！

想一想
做一做

　　1. 使用环保型的替代能源和设施对我们白马雪山大家园有哪些好处？

　　2. 你知道沼气池的生产原理吗？沼气能为我们的生活带来哪些便利？

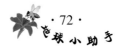

3.2.3　生态旅游

　　白马雪山自然保护区境内及周边旅游资源丰富多彩，类型多样，景观独特，品位高尚。这里是一处不可多得的大自然博物馆。充满"雄"、"奇"、"险"、"秀"的深切大峡谷，银装素裹的冰川、雪原，神奇幽静的高山湖泊，绚丽多彩的动植物种类，高山七彩的草甸花海洋，国宝滇金丝猴的故乡，鸟类乐园，雉类王国，多民族、多语言、多文字、多宗教信仰的古老神奇的民族文化……每一处风景都是那么震撼人心！怀着各种各样目的来到这里的人，无不迷倒在这片神奇的土地上，流连忘返。这里不仅是增长知识和陶冶情操的圣地，也是人与自然和谐共处进行环保教育的良好的科普基地。

　　经过各方专家慎重考虑，2006年，保护区选定了金杰谷等景观优美的地方开始了白马雪山生态旅游发展的第一步。在生态旅游基础设施建设、生态旅游线路设计等方面离不开旅游地村民们的意见和建议。比如村民们在了解了开展旅游既能保护家园又能增加经济收入时，会主动提出在修理栈道的时候绕开一些古树，否则是对景观的一种破坏。同时让更多的村民参与到旅游决策过程中来，在开展旅游项目之前，管理局曾组织部分村民到最初旅游发展情况与本地相似，而目前旅游发展较好的明永冰川附近的村

滇金丝猴

高山湖泊

雪山冰川

田园风光

东竹林寺

原始森林

血稚 （张德强摄）

水母雪莲花 （方震东摄）

七叶龙胆 （方震东摄）

庄交流经验，通过与当地村民直接交流，了解生态旅游和当地社区之间的关系。

目前，保护区内曲宗贡附近已经开发的旅游线路有三条：A线，金杰谷；B线，金吉谷；C线，鸠瓦龙。最近几年，村民们发现来这里游览观光的游客越来越多了。新修建的游客中心与周围景色浑然一体，在这里，村民们会将自己亲手酿造的葡萄酒和牛奶制品等当地天然的绿色食品呈现给远方的客人，同时还为他们提供牵马和住宿等服务。虽然到目前为止，保护区还没有任何受益，但社区参与的老百姓已经尝到了发展生态旅游的甜头。

当地居民也从生态旅游刚开始发展时的不理解甚至反对渐渐转变为理解和支持，并积极地配合保护区的工作，为生态旅游的更好发展出谋划策。保护区管理机构和当地的村民一起愉快地合作，大家都相信通过齐心合力的努力，白马雪山将会迎来一个更加美好的明天。

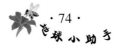

生态旅游的内涵和游客行为准则

一、生态旅游概念

"生态旅游"这一术语，最早由世界自然保护联盟（IUCN）于1983年首先提出，1993年国际生态旅游协会把其定义为：具有保护自然环境和维护当地人民生活双重责任的旅游活动。生态旅游的内涵更强调的是对自然景观的保护，是可持续发展的旅游。

"生态旅游"不仅是指在旅游过程中欣赏美丽的景色，更强调的是一种行为和思维方式，即保护性的旅游。不破坏生态、认识生态、保护生态、达到永久的和谐，是一种层次性的渐进行为。生态旅游以旅游促进生态保护，以生态保护促进旅游，准确点说就是有目的地前往自然地区了解环境的文化和自然历史，它不会破坏自然，还会使当地从保护自然资源中得到经济收益。

生态旅游是绿色旅游，以保护自然环境和生物的多样性、维持资源利用的可持续性为目标。它强调以一颗平常心尊崇自然的异质性，把自然作为有个性的独立生命来看待。参加生态旅游的人们在欣赏自然美景的同时，要注意不以个人一己意志强加于自然和其他生命，如见到野兽不要去打扰，更不可去捕捉，学会静观默察、敬天惜物，认真聆听周围的天籁之声，并通过摄影、写生、观鸟、自然探究等活动，充分感悟和欣赏自然美。

二、游客行为准则

为保护旅游景区脆弱的生态系统及其动植物资源、生物多样性以及民族文化多样性，请游客朋友务必遵守以下行为准则：

*景区内森林防火责任重大，严禁游客在野外的一切用火；

*进入景区请在当地向导的陪同下游览，以免发生危险；

*遇到雷雨天气，请不要躲在高大的树下，以免雷击；

*在景区内骑马游览，请听从服务人员的安排和相关安全忠告；

*游览过程中请注意适当休息，避免过度疲劳，同时请做好高海拔缺氧和高山反应的防范工作；

*注意保管好随身携带的物品，贵重或携带不方便的物品，请在游

客中心办理寄存；

　　*请照看好老人和小孩，以免发生意外；

　　*请把垃圾放在指定的地点；

　　*请不要采集野生动植物制作标本；

　　*野生动物是人类的朋友，请尊重野生动物，不要惊扰它们或毁坏它们的栖息地；

　　*购买当地特产可帮助当地社区改善生活水平，但不要购买濒危动植物的皮毛或制品；

　　*请按照指定路线游览，不要私自超越规定的游览范围或者单独行动；

　　*需要进入白马雪山进行科研、教学考察或摄影等活动的，请事先报相关部门批准；

　　*请带走不可降解和对环境有污染的垃圾，比如塑料包装袋和包装纸；各种类型的电池等。

　　游客在游览过程中珍视当地民族文化传统，可以激发当地居民的自豪感，鼓励他们保存和传承自己民族的文化和习俗。所以，请游客对当地的文化和习俗表现出应有的尊重和热爱：

　　*请尊重地方文化，不要把城市习惯带到你所游览的地方；

　　*请尊重当地社区居民及其习俗和宗教信仰。未经许可不得乱动居民个人物品，也不得高声喧哗或有失礼行为；

　　*在村里拍照请先征得村民的同意，尤其在拍摄村民人像的时候；

　　*应尊重当地的圣地（如寺庙或教堂），不要随便触摸或搬动宗教物品；

　　*给小孩物品会诱导他们向游客伸手要东西，如游客有意资助，请直接与游客中心的工作人员联系。

　　"当您离开时，什么都不要留下，除了您的脚印！"

想一想
做一做

1. 如果我们的村子里开展了生态旅游，作为学生的我们能做些什么呢？

2. 家乡推广生态旅游会对我们的生活和学习产生哪些影响？

地球小助手

3.2.4　替代种植——秦艽 (jiāo)

　　白马雪山家园自然资源丰富，是大家赖以生存和发展的天然财富。过去砍伐木材、采集野生药材及菌类等林副产品是大家园很多家庭最主要的经济来源，但是随着本地人口不断地增长和外来人口的纷纷涌入，越来越频繁的人类活动，打破了原有的生态平衡，导致这些自然资源在逐渐衰竭，自然灾害也在我们的家园里频繁发生，威胁家园的生存、可持续发展和生物多样性的保护。

人工种植的秦艽

　　家园里有些地方人们的生活水平仍然处于较低的水平，对生活在白马雪山大家园的我们来说，如何寻找一种替代性产业来提高大家的收入，改善目前的生产生活状况，实现环境保护和经济可持续发展的双重目标呢？在合理地利用和管理自然资源的同时，我们还可以依靠得天独厚的气候资源优势，尝试一下替代性种植这种新型的生态农业模式。

霞若附近的野生秦艽

秦艽种植

　　塔城镇柯那村的格化箐位于维西县县城的东北边，离县城约100公里，村庄坐落在白马雪山自然保护区的核心区域。村民们的生产生活与周围森林密切相关，煮饭、取暖、养牲畜等活动需要的资源均来自家乡的森林，我们的日常生产生活和森林息息相关。而保护区对部分山林进行封山保护又势在必行，但封山后就断了依赖这些森林的村民们的生活和经济来源，保护区的管理与村民们的生产生活矛盾也由此而生。

根据这个情况，保护区维西分局在格化箐组织实施了中药材种植替代生计活动，以村民为主导参与推广种植中药材秦艽20亩，试验证明秦艽成活率超过90%。通过村民们的精心栽培及科学管理，秦艽到季就可以出土了，预计销售收入40 000元。与种植玉米相比，每亩可增加收入800元。这样既保护了森林，又解决了村民们的生计问题，保护区保护工作和村民生产生活的矛盾也自然而然地化解了。

知识窗

介绍珍贵中药材——秦艽

为了便于大家了解和学习有关秦艽的知识，我们今天的"知识窗"就来介绍家乡已经实行替代种植的珍贵中药材——秦艽。

秦艽，别名又叫秦胶、秦纠和左秦艽。在中药材中我们利用的是它的根。

秦艽是多年生草本植物，植株高40~60厘米。株茎圆柱形。叶披针形或长圆状披针形，在茎下端的叶片较大，长达30厘米，宽3~4厘米；茎

秦艽药材

生叶对生，3~4对，稍小，基部连合。花生于植株上部，呈轮状丛生；花冠筒状，深蓝紫色，长约2厘米，前端5裂。蒴果长圆形。种子椭圆形，褐色，有光泽。开花时间为7~8月，结果时间为9~10月。

生长环境：秦艽生于草地及湿坡上。主产黑龙江、辽宁、内蒙古、河北。

采制方法：春、秋季采挖，除去茎叶、须根及泥土，晒干或堆晒

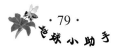

至颜色呈红黄色或灰黄色时，再摊开晒干，就可以收藏了。

性状：秦艽的根呈圆锥形，扭曲不直，长10~30厘米，直径1.5~3厘米，表面灰黄色至棕黄色，有扭曲的纵皱纹，根头部膨大，由数个根茎合着。气味独特，味苦、微涩。

功能主治：祛风湿，清湿热，止痹痛。用于风湿痹痛、筋脉拘挛、骨节烦痛，日晡潮热，小儿疳积发热。

了解了秦艽的相关知识，如果你或你的家人对秦艽种植感兴趣的话可以到塔城镇柯那村民委员会格化箐村取经和交流种植经验。

想一想
做一做

利用课余时间在自己家的村子或周围做一个小小的调查和走访，看看自己家的村子里可以栽种哪些经济效益好的野生药材、野菜和经济林果等。如果家人和邻居有种植野生药材或者开展其他替代项目的想法，请帮助他们和保护区的工作人员联系并获得相应的帮助。

地球上的生命如此丰富，连科学家们都不能确定到底有多少生物体存在。到目前为止，科学家已经鉴定并命名的物种超过170万种，其中包括植物近27万种、昆虫95万种、鱼类19 000种、爬行类和两栖类动物10 500种、鸟类9 000种、哺乳动物4 000种。但是，科学家认为，还有数百万种物种，其中大部分是微生物和无脊椎动物尚待发现。

为了科学地统计现存生物种类和数量并对白马雪山大家园里的生物进行初步的研究，保护区的工作人员一方面以巡护监测为主要的常规性工作，另一方面和多个科研机构联合开展了一些科研考察工作。

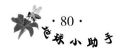
地球小助手

3.3 巡护监测

白马雪山的工作人员堪称大家园的守护神。因为他们每年都要固定地在不同时间走四条不同的巡护和监测路线。

固定样线监测的目的是为了获取该样线沿途野生动物的分布情况、出现频率、生活环境状况的变化、人类活动对它们的干扰程度、野生

野外工作

动植物数量增多或减少的变化信息等。固定样线是保护区的巡护员每个季度固定要走的路线。目前在保护区内一共有17条这样的固定样线，全长51公里。固定样地是另外一种主要监测包括植被（植物）和动物生活生长环境状况的方法。根据保护区规模、植物种类和植被群落类型的复杂程度，在保护区内按植被群落类型，设置固定样地56块。

在巡护和监测的过程中，保护神们一路走一路按照制定的表格记录所看到的野生生物的情况和变化。不仅如此，他们还一路搜寻抓捕偷猎者和清理偷猎者装下的套子，排查火种，避免森林火灾，密切监视野生植物们的病害和虫害，救护受伤的野生动物朋友，使得大家园里的生物免遭杀身之祸。我们的守护神已经数不清有多少次挺身而出制服了来家园里偷猎、盗伐的坏蛋。在1986年的一次巡护中，当时书松管理所所长培布、所员肖林到白马雪山珠巴洛河流域进行巡护，在5天的巡护过程中，发现并抓获了19名偷猎者，带回管理所进行了宣传教育，并对情节严重的进行了处罚。他们的艰辛付出不知挽救了多少大家园里的生灵。

我们家园的守护神从长达几十年的巡护和监测工作中总结的经验还为其他地方的森林伙伴的保护神们提供了保护的经验呢。据最新消息，由白马雪山大家园里的守护神编写的《白马雪山保护区巡护监测工作手册》是全省的首创。这个手册将成为其他保护区家园守护神的工作指南参考。

3.4 科考探秘

科学研究是自然保护区可持续发展的"灵魂"。白马雪山从建立保护区的第一天起就针对保护对象滇金丝猴开展了很多研究。

3.4.1 针对滇金丝猴的调查科研工作

滇金丝猴是白马雪山保护区的主要保护对象，20多年来，虽然国内外有关科研院所对滇金丝猴的生态学、生物学特性做过研究，但还未对滇金丝猴的食物和食性方面进行过专项研究。2007年，保护区工作人员根据优先研究需要，在全球环境基金会（GEF）项目的应用研究项目中，联合开展滇金丝猴食物及食性研究课题，调查和研究滇金丝猴的食物种类、不同的海拔食物分布状况、不同季节的食物结构、社区资源利用对滇金丝猴食物的影响等。该研究课题为有效地开展滇金丝猴及其栖息地的保护工作提供重要的科学数据和信息。

滇金丝猴食物食性调查人员

3.4.2　滇金丝猴栖息地调查

保护区建立后，针对保护区的较大规模的环境与资源考察共有四次：

时　间	参与单位	主要内容	成　果
1993年	云南省林业调查规划院	社会经济调查	《云南白马雪山国家级自然保护区综合科学考察报告集》
1995～1997年	云南省林业厅、云南省林业调查规划院	多学科共包括15个专题的四次野外综合考察	《白马雪山国家级自然保护区综合科学考察报告集》
1993年	云南省环境保护委员会自然保护处	对维西县北部的萨马阁林区（拟扩建自然保护区）的自然资源和生态环境进行植物资源、鸟兽资源等学科的考察	《维西萨马阁自然保护区综合考察报告集》
2000年	云南省林业调查规划院大理分院	对德钦县施坝林区、各么茸林区和维西县萨马阁林区进行补充考察	在上述两个考察成果的基础上，再次编写《云南白马雪山国家级自然保护区科学综合考察报告集》

3.4.3 滇金丝猴保护协会的成立

为了加强滇金丝猴栖息地各个管理部门之间的沟通和联系，建立长期的交流与合作的平台，共同做好滇金丝猴及栖息地的保护与管理工作，经过长达3年的筹划准备工作，2006年10月31日~11月2日，在迪庆州香格里拉观光酒店召开滇金丝猴保护第二次指导委员会会议暨香格里拉滇金丝猴保护协会成立大会。参加会议的有云南省林业厅、西藏自治区林业局、迪庆州人民政府、大自然保护协会、保护国际、美国和新加坡动物园的工作人员、瑞

中国滇金丝猴研究基地

士的一所大学、中国科学研究院等政府与非政府、国外与国内的领导和专家共67人。会议的主要议题有两项：一是各地区介绍和交流在滇金丝猴保护管理工作中取得的成绩和经验，商议在今后的管理工作中如何加强各地区之间的联系、交流与合作；二是讨论《香格里拉滇金丝猴保护协会章程》等相关事宜。与会者在总结各方经验后就如何进一步做好今后的保护工作提出了指导性的意见和建议。

想一想
做一做

利用课余时间在自己家的村子或周围做一个小小的调查和走访，看看自己家周围都有哪些植物和动物，如果感兴趣的话你可以做一个观察记录。

百　合

岩　须

"为了保证我们的孩子们能继承一个健康的环境，最大的希望在于教育。正是孩子们的梦想与责任感，会改变后代人关于地球的思考，以及我们保护地球的途径。"

——凯西·麦克格罗福林（Kathy Mcglaufl-n），环境教育家

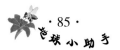

地球小助手

3.5 环境教育

3.5.1 夏令营活动在深化

一直以来，保护区都很重视环境教育项目的开展，几乎每年都要组织冬、夏令营活动。对青少年一代开展主题为关注自然、保护环境、维护生态平衡、关注自然保护事业、关注自然保护区周边社区群众的生存和发展等内容的环境教育。

学生夏令营

一系列的夏令营和冬令营活动，不仅宣传了白马雪山自然保护区，还使同学们领会到了建立保护区的重要意义，提高了他们保护环境的意识。更为重要的是，通过参与式活动，把深刻的教育内容融入到生动、有趣的课外活动之中，用家园里丰富的生物物种资源、悠久的历史文化和当地民族传统习俗以及保护区建设事业的重要性来教育和培养同学们，让同学们为自己的家乡而自豪，进而加入到"我为环保做点事"的行列中来。通过大家的热情参与，小朋友们自觉树立起了"爱护自然，保护自然，人与自然和谐相处"的环保意识；同时开阔了大家的眼界，提高了综合素质，还培养了学生的学习兴趣和勤于动脑的学习精神；促进了相互间的交流和友谊，并

奔子栏的学生活动

增进了他们的合作意识。

在2008年的4月29日~30日，大自然保护协会环境教育项目的工作人员在奔子栏镇中学和奔子栏完小举行了以"保护滇金丝猴以及我们共同的家园"为主题的互动式有奖问答活动。非常有趣的是，这次活动我们有幸请来了白马雪山上的滇金丝猴代表——"冬冬"。

在这次活动上，它和大自然保护协会的工作人员一起向同学们介绍了自己和自己家族的基本情况，包括外貌特征、家庭和群居社会的状况、食物等等。为了得到更多人的帮助，"冬冬"还告诉大家，野生生物朋友们正在面临着一些生存和生活的威胁，它还特别强调了金丝猴大家族的苦恼。

"冬冬"在这次活动里认识了好多爱护白马雪山大家园、爱护野生动植物的人类好朋友。同学们也从"冬冬"的来访中明白，所有生物在大家园的生态系统中都是不可缺少的，我们应该以自己的家园有滇金丝猴这样珍稀的国宝而自豪，我们更应该为保护家园的环境做一些力所能及的事。为了让所有生物朋友的子孙后代都能和我们一样世代快乐地生活在白马雪山大家园里，我们应该积极行动起来，从身边的小事做起，养成我们保护环境的好习惯。

3.5.2 公众意识教育出亮点

宣传保护白马雪山大家园的工作不仅仅只是学生们的事情，更重要的是让更多的成年人也认识到保护的重要性。

白马雪山大家园里的藏族人大都信仰藏传佛教，崇拜自然，分布在雪山各地的"神山"得到了人们自发的保护。因为

藏族圣地　张柯摄

"神山"在藏传佛教中被认为是不可侵犯的地方，所以至今保持着良好的生态环境。保护好了神山就等于保护了珍稀动植物物种，对保护好生物多样性具有十分重要的意义。奔子栏附近的仁尼神山，由于当地群众都把它奉为"神山"而受到特殊的保护，充分体现了典型的"神山"效应。

为了进一步发挥藏传佛教文化在保护生物多样性工作中的作用，保护区与东竹林寺协商后达成了统一的认识，共同开展了一系列的保护和宣教工作。寺庙附近的神山、水源林、风景林主要依靠寺院来管理，在保护区和社区之间起到了加强双方联系的桥梁作用。

在白马雪山当地的传统习俗中就有采集薪材的时间、数量、树种、季节、地点等习惯做法，村子里的

活佛封山圣地

人一般选择萌发力极强的高山栎作为首选的薪材和积肥的树种，建房用材则选择天然更新较快的云南松，不砍伐幼树，他们认为砍小树意味着要牺牲更多的生命。在采伐方式上则采用择优间伐，留下足够的健壮树木作为其繁衍后代的良种，不会过度或破坏性地采伐。保护区在资源利用的管理中，继承和发扬了这些传统的民风民俗，对合理利用森林资源起到了非常重要的作用。

2006年，在保护国际参与的关键生态系统合作基金的支持下，保护区邀请云南画院11名美术家及省外其他单位的知名艺术家到保护区进行采风、创作。画家们创作的100多幅高质量的反映雪山保护和传统艺术相结

画家写生

合的作品于2007年2月在云南美术馆展出。

同年参与写生采风的海南民族画院院长方宝价先生出版了《云南白马雪山国家级自然保护区写生作品集》，将艺术与自然保护融为一体。根据白马雪山国家级自然保护区管理局的计划，这个作品集的出版还只是保护区自然与文化艺术系列丛书之一，保护区还将继续开展此类活动。

最近，由从事保护区工作多年的两位工作人员撰写的两本有关保护区真实故事的文学作品《森林人的故事》和《白马雪山日记》已经初步完稿。这种充分利用多种文化的力量来推动环保的发展，将自然文化艺术与保护相结合的新型保护手段，在国内自然保护区保护工作中开创了先河。这两本宣传我们家园的科普读本也将会很快与同学们见面。

你身边的作家

将自然保护与艺术相结合，用文化的力量来促进环保的发展，得到了来自全国各地的艺术家们的大力支持，这是大家园的又一创举。保护区十分注重挖掘保护区内有才华的艺术家们参与到这一十分有意

义的活动中来，斯那俊登就是其中的一位。他把在保护区工作的20多年的经历以及和同事、和社区老百姓、和保护专家一起守护家园的点滴事情写成了《森林人的故事》，现在这本书的初稿已经完成。在这部两万多字的作品中，作者斯那俊登用他那特有的细腻而又感性的笔触刻画了八位在保护区内工作多年、土生土长、性格各异的保护区工作人员。通过描述发生在他们身上以及身边的故事，展示了一幕幕雪山风情，反映出了人们的喜怒哀乐，读来让人感到十分亲切。整部作品写得生动有趣，可读性很强。保护区管理局也大力支持作者的写作，并已经拟定了书稿的出版计划，这将是值得所有人期待的另一部有关白马雪山的文学作品。

故事会

《森林人的故事》节选

钟泰此称是来自于澜沧江畔滇藏交界处一座古老的纳西族村庄的一个农民家庭的儿子。他有着澜沧江一样勇往直前和大山一样坚忍不拔的性格。

在我（斯那俊登）写这篇《森林人的故事》之时，他已对滇金丝猴考察了一百九十八次，足足考察了十九个年头。可以不夸张地说，他是位名副其实的滇金丝猴考察专家。在迪庆乃至全国，他是屈指可数的考察滇金丝猴时间最长的科技人员之一。

钟泰此称在施坝河流域

其实，滇金丝猴的野外考察是一项极其艰苦的工作，

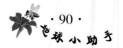

可以用"风餐露宿"来形容。长年累月奔波在雪山、森林之间，使钟泰此称早早落下了一身的风湿病，尤其是那双关节炎严重的原本细长而结实的腿，用他自己的话说，是很准确的"天气预报"，天气的阴晴变化能准确地通过那双腿预测出来。可他酷爱这个事业，说他这辈子就跟滇金丝猴有缘分。

上个世纪的九三、九四那两年，他与昆明动物研究所的龙勇诚先生和美国动物研究博士柯瑞戈先生在海拔5 100米的崩亚登（山名，叶日辖区）山上整整呆了两个年头。家中上有老、下有小的他，足足做了两个年头的"不肖子孙"。春节是每个民族最热闹的团圆的盛大节日，可他在冰天雪地的崩亚登山上以雪山、森林、滇金丝猴为伴度过了两次春节，只是在大年初一的早上冒着刺骨的寒风，跪在雪地上，向故乡的方向磕了三个响头，心中默默地祈祷家中老小平平安安……

想一想
做一做

1. 你觉得如果你们学校开展环境教育的类似活动，你会参加吗？

2. 你希望通过环境教育项目和相关活动的开展学习哪些知识？

3. 我们也是艺术家：发挥自己的特长，为白马雪山画一幅画，写一篇文章，写一首诗歌，等等。

地球小助手

复习小测验

一、填图游戏：回答下面的问题，并根据提示把下面相应的方格涂上颜色（请在竖排上找到前面的字母，在横排上找到后一个字母，然后找到横竖字母交叉的方框涂上颜色）。

1. 把野生小动物逮来玩耍。

　A．对（把JK、LE格涂上颜色）

　B．错（把JK、LM、KL格涂上颜色）

2. 生命网络中的每一种生物都关系到其他生物的生存。

　A．对（把EN、LN、JP格涂上颜色）

　B．错（把BG、LF、KG格涂上颜色）

3. 为了得到食物去吃野生动物。

　A．对（把KO、LP、LQ、KR格涂上颜色）

　B．错（把LO、KP、GP、FO格涂上颜色）

4. 森林是我们家园最重要的资源。

　A．对（把BK、CL、DM、CJ格涂上颜色）

　B．错（把CF、DF、EG格涂上颜色）

5. 动物是人类的朋友，有了各种各样的动物，大自然才更美丽。

　A．对（把JE、KF、LG、EH格涂上颜色）

　B．错（把FH、GI、GJ、GK格涂上颜色）

6. 当我们看到游客或其他人伤害我们共同家园里的动植物时，我们要向老师或大人举报。

　A．对（把HE、GF、FG格涂上颜色）

　B．错（把GJ、GM、GN格涂上颜色）

7. 过度放牧是对我们家园有害的行为。

　A．对（把LH、LI、KJ格涂上颜色）

　B．错（把FO、EP格涂上颜色）

8. 白马雪山自然保护区以滇金丝猴及其栖息的亚高山冷杉林为主要保护对象。

　A．对（把IE、DI、HQ、IQ格涂上颜色）

　B．错（把DQ、CQ格涂上颜色）

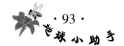

	A	B	C	D	E	F	G	H	I	J	K	L	M	N	O	P	Q	R
A																		
B																		
C																		
D																		
E																		
F																		
G																		
H																		
I																		
J																		
K																		
L																		
M																		
N																		
O																		
P																		
Q																		
R																		

你全部答对了吗？把书本横过来，看看它是一个什么样的图形呢？
（"心"形）

二、选择题

1．滇金丝猴被列为国家几级保护动物？ （ ）

A．一级　　　　　　　B．二级　　　　　　　C．三级

2．保护我们共同家园有益的行为是（ ）。

A．植树造林，爱护动物朋友们　　　　B．偷猎和捕杀动物朋友

C．使用沼气，少砍柴

3．有利于保护我们共同家园的行为是（ ）。

A．过度放牧　　　B．把野生小动物逮来玩耍　　　C．宣传环境保护

4．当我们看到有人伤害我们共同家园里的动植物朋友时，我们应该（ ）。

A．悄悄走开　　　　　　B．上前劝阻，让他不要这样做

C．告诉他动植物是我们的好朋友

三、问答题

1. 请你简单描述一下滇金丝猴的外貌特征。

2. 请你简要回答白马雪山自然保护区的发展历史。

3. 滇金丝猴的主要食物是什么？

4. 森林的作用有哪些？

5. 什么是生态系统和生态平衡？

6. 什么是生物多样性？它包括哪些内涵？

7. 白马雪山大家园里有哪些国家一级保护的动物和植物？请你通过学习把你知道的都列出来：

一级保护植物：

一级保护动物：

8. 怎样避免人和熊的冲突？

9. 为了保护家乡的生物多样性，我们在日常生活中能做些什么？

10. 在老师指导下，组织一次白马雪山地区生物资源、旅游环境资源的认识和简单的考察活动，结合自己看到的、想到的和感受到的写一篇活动感想。

这是一个专门为大家设计的学习计划进度表格，每当你学习完一部分内容的时候，请你在相应的空格内打"√"。

1	我知道了为什么我们家乡被称为"白马雪山"	
2	我了解了白马雪山自然保护区的范围	
3	我了解了"三江并流"世界自然遗产	
4	我了解了白马雪山形成的历史	
5	我了解了保护区管理局工作人员的任务	
6	我知道了什么是湿地	
7	我知道了我们的家乡是重要的水源地	
8	我掌握了一些节水的小技巧	
9	我认识了很多白马雪山上的动植物	
10	我知道了什么是生物多样性	
11	我了解了家乡森林资源的结构	
12	我知道了森林的重要作用	
13	我学到了松茸和虫草的一些知识	
14	我了解了家乡的一些民族节日	
15	我了解了滇金丝猴的一些生活习性	
16	我知道了护林员余建华的故事	
17	我知道了世界上共有四种滇金丝猴	
18	我知道了一些避免与熊冲突的技巧	
19	我了解了世界环保发展简史	
20	我知道了一些松茸的可持续采集办法	
21	我知道了什么是生态旅游	
22	我了解了家乡开展生态旅游的一些方法	
23	我认识了中药材植物——秦艽	
24	我了解了一些对滇金丝猴的科学研究活动	
25	我知道了家乡开展环境教育的一些情况	
26	我知道了将自然与文化相结合的宣传教育工作是保护区管理的创举	

学得棒极了，恭喜你！你在了解自己的家乡的同时，学习到了很多关于生物多样性以及环境保护方面的知识。

后 记

致谢！

感谢你认真阅读和学习了《可爱的家园——白马雪山国家级自然保护区》，了解了自己家园的自然资源、现状及其部分的保护工作。这本小册子无法囊括所有白马雪山的自然美景和丰富的自然资源，也不可能详尽地说出我们每一个人可以为保护自己的家园所做的事情。但是我们相信，只要我们每一个人都真正认识到自己家园自然资源的宝贵和保护这些资源的重要性和紧迫性，真正为家乡的现状和未来着想，为我们的子孙后代着想，从日常的点滴做起，我们不仅可以保留住美丽神奇的白马雪山，保护好这里的生物多样性，还可以使她更加美丽，我们及子孙后代的生活也会更加美好！

这本书的编写得到了很多单位、学校和个人的大力支持，在此表达我们诚挚的谢意。

感谢那些在这里没有提到，但一直为生物多样性保护和社区可持续发展默默贡献着的人们！

我为美丽的白马雪山家园而自豪，我为家乡的环境和资源保护做点事！为你，为他，更为我们自己和子孙后代，让我们一起为地球大家园做点力所能及的事情吧！携手环保、共创未来，让大自然的馈赠——白马雪山在人间永存。

该读本的编写由于时间仓促，加之编者水平有限，有不妥之处请您给予斧正或联系我们，以便我们及时更正，谢谢！

当你看完这本读本，不再需要的时候，请转赠给你的朋友或还没有这本书的同学。

读本中没有注出处的图片版权属于白马雪山自然保护区管理局和大自然保护协会，未经允许不得擅自使用。

白马雪山国家级自然保护区管理局
联系人：斯那卓玛　电话：0887-8229136　电子邮箱：yunnansnzm@126.com

大自然保护协会中国部环境教育项目
联系人：黄　刚
电话：0888-5159917　　传真：0888-5159920
电子邮箱：ghuang@tnc.org.cn